回家吃饭系列

跟黎国雄学烘焙

黎国雄◎主编

中国纺织出版社 | 国家一级出版社 全国百佳图书出版单位

图书在版编目（CIP）数据

跟黎国雄学烘焙 / 黎国雄主编. -- 北京 : 中国纺织出版社，2017.8
（回家吃饭系列）
ISBN 978-7-5180-3716-2

Ⅰ. ①跟… Ⅱ. ①黎… Ⅲ. ①烘焙－糕点加工 Ⅳ. ①TS213.2

中国版本图书馆CIP数据核字(2017)第148759号

摄影摄像：深圳市金版文化发展股份有限公司
图书统筹：深圳市金版文化发展股份有限公司

责任编辑：卢志林　　特约编辑：于　涛
责任印制：王艳丽

中国纺织出版社出版发行
地址：北京市朝阳区百子湾东里A407号楼　　邮政编码：100124
销售电话：010－67004422　　传真：010－87155801
http://www.c-textilep.com
E-mail: faxing@c-textilep.com
中国纺织出版社天猫旗舰店
官方微博http://weibo.com/2119887771
深圳市雅佳图印刷有限公司印刷　　各地新华书店经销
2017年8月第1版　第1次印刷
开本：787 ×1092　1 / 16　印张：15
字数：120千字　　定价：68.00元

前言 PREFACE

初听烘焙两个字，觉得既熟悉又陌生。
熟悉的是我们每天都会接触到一些烘焙食品，
陌生的是那些形状各异、口味多样的烘焙食品到底是怎样做出来的，
慢慢地深入接触，才发现烘焙的舞台很大。

生活在这个快节奏的社会里，
我们很多人都被眼前的绚丽蒙蔽了双眼，喜欢二次元，喜欢快文化，
喜欢把自己融入到兜兜转转的时尚中，可是生活是平淡的，是慢步向前的，
需要我们一点一滴地品尝、回味。
烘焙就是这样一件能够让你慢下来、静下心的事情。

从制作到定形，从裱花到摆件，每一件都需要小心翼翼、谨慎细微地做。

当你迷茫或者内心无法平静的时候，
或许你该回到生活的本身，
静下心来，学做几个烘焙小甜点，让思想放空，
给自己一个缓冲期，
让自己在烘焙中享受生活，寻找未来的方向。

态度决定高度，
烘焙的态度也依然决定烘焙的高度，
也许有人说
烘焙这件事只需要配好料、定时烤好就行了。
简单的工艺确实如此，
但这也只是懒人给自己的托词，
配好料只是烘焙成功的开始，
耐心操作却是成功的关键。
烘焙需要注意的细节还有很多，
黎国雄老师的这本烘焙制作学习手册，
不仅带给你烘焙的制作方法，
更有很多烘焙小细节的分享，
扫码看视频也能让你更直观地学习。

本书是中国烘焙教父黎国雄老师的又一力作，
每一个小甜品的配方和造型，
都经过了他精心揣摩。
本书介绍了一百多种烘焙食品，饼干、面包、蛋糕、挞派、
还包含精美的配图、详细的步骤以及清晰的视频教学，
不仅能让你学会烘焙，更能让你享受生活。

CONTENTS

Part 1
关于烘焙那些事儿

Part 2
手感面包，天然好味道

Part 3

香滑蛋糕轻松做

Part 4
一口一个酥脆饼干

Part 5
酥挞派，停不下来的治愈美食

Part 6
中西式小点 & 巧克力甜点

Part 7
日常茶点，陪你度过温情时刻

Part 1

关于烘焙那些事儿

烘焙是一件能够让人高兴的事，学会烘焙，给生活加点小情趣。在学习烘焙之前，要初步了解关于烘焙的那些事儿。烘焙之前需要准备些什么工具？家里没有的原材料可以用什么代替？本章就为你一一介绍。

烘焙工具

作为一个最高级的吃货，不仅要懂得吃，更要懂得做。所谓“工欲善其事，必先利其器”，对于初入烘焙坑的朋友来说，工具尤其重要，今天我们就来聊聊烘焙中的必备神器。

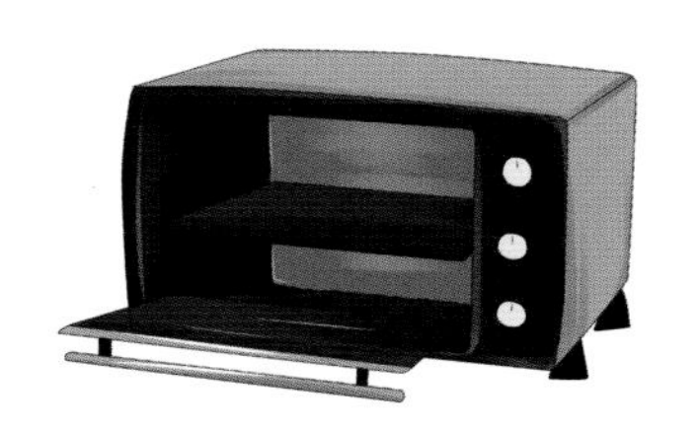

烤箱

从实用的角度，选择一台基本功能齐全的家用型烤箱，就完全可以满足需求。在功能上最好有上下两组加热管，并且上下加热管可同时加热，也可以单开上火或者下火加热，能调节温度，具有定时功能，烤箱内部至少分为两层，三层或以上更佳。

手动打蛋器 & 电动打蛋器

打发材料或者混合湿性材料时，都需要用到打蛋器。电动打蛋器更方便省力，而且全蛋的打制很困难，必须使用电动打蛋器。但电动打蛋器并不适用于所有场合。比如打发少量的黄油或者某些不需要打发，只需要把鸡蛋、糖、油混合搅拌的配方，使用手动打蛋器会更加方便快捷。因此两种打蛋器都需要配备。

案板 & 擀面杖

案板和擀面杖是大家熟悉的工具，不过需要注意的是，制作面食时尽量使用非木质的案板，如金属、塑料案板。和木质案板比起来，它们更不易粘，而且不易滋生细菌。

厨房秤

厨房秤，可以用来称量各种材料的重量。市面上的厨房秤种类很多，一般使用电子秤较为理想。电子秤的称量结果更为准确，读数直观，而且最小量程能达到 1 克甚至 0.1 克。

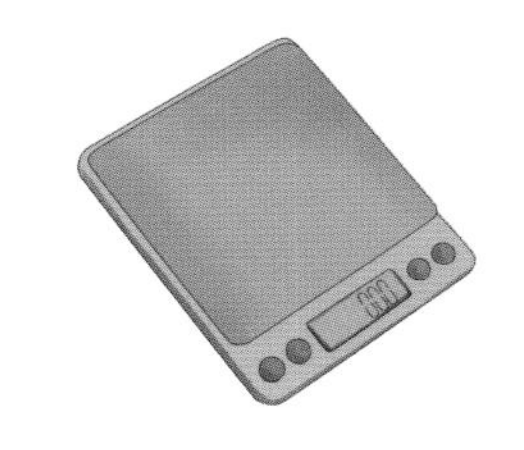

量杯

量勺和量杯一样，都是用来量取定量原料的工具。如果是称量少量材料，使用量勺更为准确和方便，一般 1 大勺 =1 汤匙 =15 毫升；1 小勺 =1 茶匙 =5 毫升，而量杯的使用一般较少。

面粉筛

用来筛面粉或者其他粉类原料。面粉过筛不但可以除去面粉内的小面粉颗粒，而且可以让面粉更加膨松，有利于搅拌。如果原料里有可可粉、泡打粉、小苏打等其他粉类，和面粉一起混合过筛，有助于让它们混合得更均匀。

裱花嘴 & 裱花袋

做曲奇、泡芙的时候，也可以用裱花嘴和裱花袋来挤出花色面糊，不同的裱花嘴可以挤出不同的花型，可以根据需要购买单个的裱花嘴，也可以购买一整套。将蛋糕置于转台上可以方便淡奶油的抹平及进行裱花。

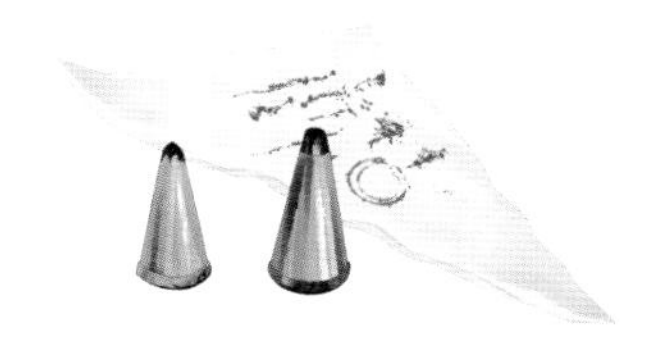

烘焙纸 & 油纸

烘焙纸和油纸是一种烤盘垫纸，用来垫在烤盘上防粘，可以免去清洗烤盘的麻烦。

橡皮刮刀 & 塑料刮板

塑料刮板是小巧又管用的工具，很多场合都可以用到。在揉面的时候，粘在案板上的面团可以用它铲下来，也可以协助我们把整形好的小面团移到烤盘上去。橡皮刮刀是扁平的软质刮刀，适用于搅拌面糊。搅拌时，它可以紧紧贴在碗壁上，把附着在碗壁的面糊刮得干干净净。

蛋糕纸杯

蛋糕纸杯是在做小蛋糕时使用的，可用来制作麦芬蛋糕，也可以制作其他的纸杯蛋糕。使用相应形状的蛋糕纸杯能够做出相应的蛋糕形状。蛋糕纸杯有很多种大小和花色可供选择，可以根据自己的爱好来购买，适合用于制作儿童喜爱的小糕点。

蛋糕模

活底蛋糕模一般用来制作慕斯蛋糕，底部可托出，可以与模具壁分离。慕斯蛋糕脱模时，可以用毛巾沾开水，不停地在模具外壁擦拭，直到慕斯脱落。

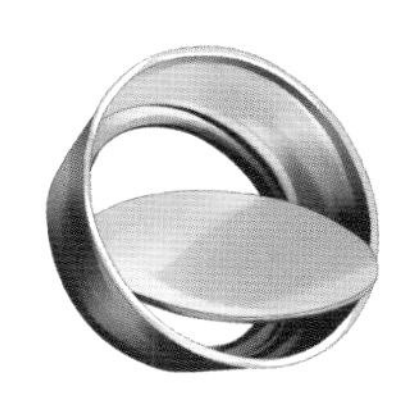

烘焙常用材料

下面来具体介绍一些烘焙中常常会用到的材料。

糖粉

糖粉是洁白色的糖制粉末，颗粒极其的细小，含有微量玉米粉，直接过滤以后的糖粉可用来制作点心和蛋糕。

黑巧克力

黑巧克力是由可可液块、可可脂、糖和香精混合制成的，主要原料是可可豆。适当食用黑巧克力有润泽皮肤等多种功效。黑巧克力常用于制作蛋糕。

白巧克力

白巧克力是由可可脂、糖、牛奶以及香精制成的，是一种不含可可粉的巧克力，但是含较多乳制品和糖分，因此甜度较高。

动物淡奶油

又叫作淡奶油，是由牛奶提炼而成的，本身不含有糖分，白色如牛奶状，但比牛奶更为浓稠。打发前需要放冰箱冷藏 8 小时以上。

植物油

植物油是由各种植物原油精制而成。制作西点时用的色拉油一定要是无色且无味的，如玉米油、葵花子油、橄榄油等，而且最好不要使用花生油。

细砂糖

细砂糖是经过提取和加工以后结晶颗粒较小的糖。适当食用细砂糖有利于提高机体对钙的吸收，但不宜多吃，糖尿病患者忌吃。

高筋面粉

高筋面粉的蛋白质含量在12.5%~13.5%，色泽偏黄，颗粒较粗，不容易结块，比较容易产生筋性，适合用来做面包、千层酥等。

低筋面粉

低筋面粉色泽偏白，因为低筋面粉没有筋力，所以常用于制作蛋糕、饼干等。如果没有低筋面粉，也可以按照 3 份克中筋面粉配 1 份玉米淀粉的比例自行配制。

泡打粉

泡打粉，又称发酵粉，是一种膨松剂，一般都是由碱性材料配合其他酸性材料，并以淀粉作为填充剂组成的白色粉末。

酵母

酵母是一种天然膨大剂，它能够把糖发酵成乙醇和二氧化碳，属于比较天然的发酵剂，能够使做出来的包子、馒头等味道纯正、浓厚。

可可粉

可可粉是可可豆经过各种工序加工后得出的褐色粉状物。可可粉有其独特的香气，可用于制作巧克力、饮品、蛋糕等。

抹茶粉

抹茶粉是抹茶的通俗叫法，是指在最大限度保持茶叶原有营养成分前提下，用天然石磨碾磨成微粉状的蒸青绿茶，可用来制作抹茶蛋糕、抹茶曲奇等。

片状酥油

片状酥油是一种浓缩的淡味奶酪，其颜色形状类似黄油，主要是用来制作酥皮点心。

黄油

黄油是由牛奶加工而成，是将牛奶中的稀奶油和脱脂乳分离后，使稀奶油成熟并经过搅拌形成的。

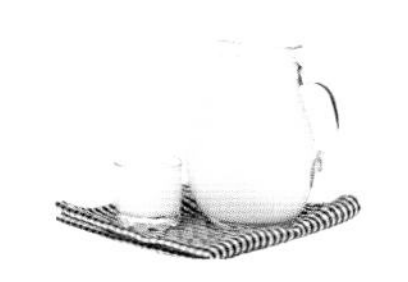

牛奶

牛奶是从雌性奶牛身上挤出的液体，被称为“白色血液”。其味道甘甜，含有丰富的蛋白质、乳糖、维生素、矿物质等，营养价值极高。

吉利丁

吉利丁又称明胶或鱼胶，是由动物骨头提炼而成的蛋白质凝胶，分为片状和粉状两种，常用于烘焙甜点的凝固和慕斯蛋糕的制作。

面包制作的基础知识

手揉是让面包有韧性的关键，发酵是让面包膨松的关键所在。好的揉面技巧，搭配上合适的发酵过程，才能让面包更美味。

1 揉面之前的注意事项

酵母要用温水或牛奶先溶化开，让酵母先活化15分钟左右。烘焙用的即发型干酵母一般都会密封保存在冰箱里面，酵母在4℃以下时开始进入休眠状态，所以使用时要先用温水提前溶化，就仿佛是吹了起床号一样。

揉面时要注意水或牛奶的温度，从冰箱里面直接拿出来的牛奶要等回温后再使用，这也是为了给酵母一个的良好的生长环境。冬天时用温水揉面，夏天则可以适量用凉水揉面，因为揉面时面团温度会不断上升，过高的面团温度会抑制酵母的生长，导致杂菌的繁殖。

2 揉面时间对面包发酵有什么影响

揉面时间的长短会影响面团的质量。

① 如果揉面姿势正确，时间适度，那么形成的面筋能达到最佳状态，面团既有一定的弹性又有一定的延展性，为制成松软可口的面包打下良好的基础。

② 如果揉面不足，则面筋不能充分扩展，没有良好弹性和延伸性，不能保留发酵过程中所产生的二氧化碳，也无法使面筋软化，所以做出的面包体积小，内部组织粗糙。

③ 如果揉面过度，则面团过分湿润、黏手，整形操作十分困难，面团搓圆后无法挺立，而是向四周流淌。烤出的面包内部有较多大孔洞，组织粗糙，品质很差。

3 怎样判断面团搅拌是否适度

揉面适度的面团，能用双手拉展成一张像玻璃纸那样的薄膜，整个薄膜分布均匀而光滑，用手触摸面团感觉到有黏性，但面团不会黏手，而且面团表面的手指痕迹会很快消失。

4 影响面团发酵有哪些因素

①酵母的质量和用量：酵母用量多，发酵速度快；酵母用量少，发酵速度慢。酵母质量对发酵也有很大影响，保存不当或贮藏时间过长的酵母，色泽较深，发酵力降低，发酵速度减慢。

②室内温度：面团发酵场所的温度高，发酵速度快；温度低，发酵速度慢，但温度一定要在一个适宜的范围内。

③水温：在常温下采用40℃左右的温水和面，制成面团温度为27℃左右，最适宜酵母繁殖。水温过高，酵母易被烫死；水温过低，酵母繁殖较慢。如果在夏天，室温比较高，为避免发酵速度过快，宜采用冷水和面。

④盐和糖的加入量：少量的盐对酵母生长发育是有利的，过量的盐则使酵母繁殖受到抑制。糖为酵母繁殖提供营养，糖占面团总量5%左右，有利于酵母生长，使酵母繁殖速度加快。

5 发酵时常用的温度控制方法

如果天气很暖和，室温在25~35℃之间时，可以使用常温发酵，这个环境下，非常适合酵母的生长。

如果遇到温度太低、发不起来的情况，这时候可以利用带发酵功能的烤箱发酵。要使用温度计时刻监控烤箱的温度，尽量不高于40℃，同时在烤箱内放入一杯水，让环境湿度增加。如果烤箱没有发酵功能的话，在烤箱中放入一碗热水也可以缓慢提升箱体内温度，达到合适的环境温度，同时增加箱体内的湿度。还可以尝试使用蒸锅、泡沫箱、保温箱等来发酵。

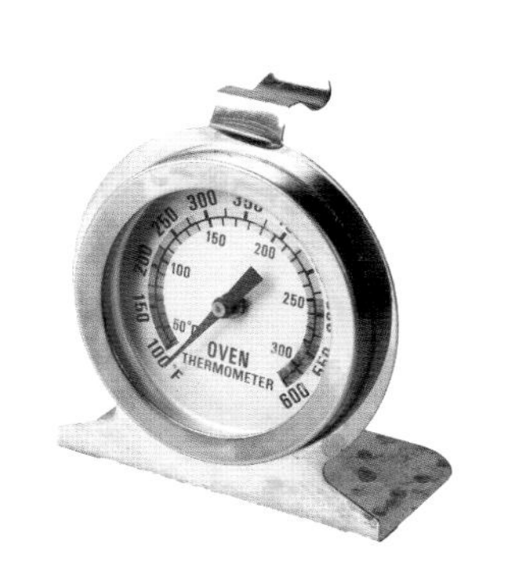

6 完成发酵的时长

时间很难明确，因为发酵时间的长短和实际的温度、湿度有着直接的关系。在一定范围内，发酵温度越高，发酵速度越快，所以不能完全用时间来衡量发酵是否完成。通常使用观察、触摸来判断面团发酵的情况。

一般发酵后的面团会是发酵前体积的1.5~2倍大小，面团膨松，用食指指肚轻戳一个浅坑不会立刻回弹，不过小心不要戳得太深，否则烘烤的时候膨胀不回来。

蛋糕制作的基础知识

蛋糕的制作通常会需要打发各种材料，下面就为大家介绍几种材料的打发方法，学会这些，可以让你在做蛋糕时更轻松！

1 蛋白打发

尽量选用新鲜的鸡蛋来打发。鸡蛋越不新鲜，蛋白的碱性越重，也越难打发。为了中和蛋白的碱性，会加入少许塔塔粉，可使蛋白容易打发，并且更加稳定、不易消泡。倘若没有塔塔粉的话，也可用白醋或柠檬汁代替。蛋白在20℃左右的时候最容易打发。注意搅打蛋白的速度要从低速渐渐到中高速，如果一开始就高速搅打，那么蛋白霜体积不够大，且会因为泡沫过大而不稳定。

蛋白打发时往往需要加入一定比例的砂糖，一是要添加甜味，二是加了糖打发的蛋白霜比较细腻且泡沫持久稳定。加入砂糖要注意时机，过早加入会阻碍蛋白打发，过迟加入则导致蛋白泡沫的稳定性差、不易打发，还会因此导致蛋白搅打过头。另外，砂糖要沿着碗壁渐渐加入，不要一股脑往蛋白中央一倒，否则可能会使蛋白霜消泡。

搅打过程中要注意蛋白的变化：粗泡时蛋白液浑浊，细泡的蛋白渐渐凝固起来，开始有光泽，呈柔软绸缎状，提起搅拌器，有2～3厘米尖峰弯下。软性泡沫的蛋白很有光泽而且顺滑，提起搅拌器，蛋白尖峰还有些弯度。硬性泡沫的蛋白带有光泽，蛋白尖呈现坚挺状。到硬性泡沫阶段要格外注意，因为只要十来秒，蛋白就会因为搅打过头而无光泽了，而且还会变成棉花状和结球状蛋白。出现这种情况时可以试着添加一个蛋白进去打成硬性泡沫，但也未必可以补救。

2 全蛋打发

和蛋白的打发相比，全蛋打发要困难得多，家用的电动搅拌器普遍功率都不够高，所以打发的耗时也长，需要具有耐心。

将鸡蛋从冰箱拿出来回温，然后打入蛋盆。全蛋在40℃的时候最容易打发，随着不断搅打，鸡蛋液会渐渐产生稠密的泡沫，变得越来越浓稠。将鸡蛋打发至提起搅拌器，滴落下来的蛋糊不会马上消失，在盆里的蛋糊表面有清晰的纹路出现时，就是打发好了。

3 奶油打发

在烘焙过程中，最常见的便是奶油的打发。鲜奶油的品种有很多，例如有专供烹饪用的，当然也有专供打发用的。

鲜奶油要在冷藏的状态下才可以被打发，所以在打发鲜奶油之前，需将它冷藏 12 小时以上。注意，鲜奶油切忌冷冻保存，否则会出现水油分离的现象。打发鲜奶油时，在鲜奶油中加入糖，使用电动搅拌器中速打发即可，若是用来制作裱花蛋糕，将鲜奶油打发至体积膨松，可以保持花纹状态时，就能使用了。

4 黄油打发

黄油只有在软化的状态才能被打发。在不断搅打软化的黄油时，你会发现，黄油变得越来越膨松，体积渐渐越变越大，状态也变得轻盈。一般黄油都储存在冷藏室中，它的状态比较坚硬，打发前需要在室温放置一段时间，使其自然软化。要注意的是：千万不要将黄油融化成液体，液体状态下的黄油是无法被打发的。

黄油打发的流程

称量所需要的黄油，让它软化至手指能轻易戳一个窟窿的程度，加入糖、糖粉或是需要加入的粉状物质，然后用电动搅拌器低速搅打，直至黄油与材料完全混合。

将电动搅拌器的速度调至高速，继续搅打，这时黄油的状态会渐渐变得膨松、轻盈，体积微微变大，颜色也变浅了。

黄油打发后，有些配方会要求加入鸡蛋，在黄油中加入鸡蛋也是很重要的一步。在鸡蛋的分量较多时，必须分次加入，每加入一次鸡蛋都要将黄油彻底搅打均匀，直到它们完全融合才可以再次加入。一般情况下，鸡蛋需分 3 次加入。当鸡蛋的分量少于黄油的 1/3 时，可以一次性将鸡蛋加入黄油里。

翻拌与搅拌的区别

翻拌是用长柄刮刀从盆底捞起蛋糕糊，然后用炒菜的手势划拌，千万不要打圈。这样拌匀的蛋糕糊基本不会消泡，越是小心地不敢去拌，越会延长拌匀时间，反而容易消泡。

搅拌一般就是把材料拌匀，这时的手法就需要顺时针打圈搅拌。

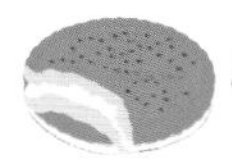

饼干制作的基础知识

1 制作饼干的常用拌和法

糖油拌和法

取出黄油，经室温软化后，分次加入湿性材料，再加入干性材料。如果蛋液或其他液体分量很大时，则要少量多次加入，并且要确保每次都充分混合匀后再继续加，这样才能避免造成油水分离现象。

粉油拌和法

这种方法就是先将所有的干性材料、粉类材料等混合均匀，再加入黄油，用手搓至混合材料呈细米粒状，最后加入备好的液体材料搓匀。

2 这样做会让饼干更好吃

材料恢复室温更容易操作

制作饼干使用的材料中最常见的就是黄油，而黄油、奶油、奶酪等材料通常都需要冷藏在冰箱中，取出时质地比较硬，因此，最好在开始制作饼干之前将材料取出，使其恢复至室温后再使用。

少量多次加蛋液可避免油水分离

材料一次加入搅拌似乎比较省事，但有些材料必须少量多次地与其他材料混合才更好。例如在黄油和糖混合打发之后，要多次加入已经打散的蛋液，并且确保每次加入的蛋液充分拌匀，被黄油吸收完全后再加入适量的蛋液继续拌匀。

生坯的大小要均匀，码放要有间隔

饼干生坯尽量做到每块薄厚、大小均匀，这样在烘烤时，才能使烤出来的饼干色泽均匀，口感一致。否则烤出来的成品可能会生熟不匀，口感糟糕。饼干在烘烤后体积会膨大一些，所以在烤盘中码放时要注意每个生坯之间要留一些空隙，以免烤完边缘相互粘黏在一起。而且，留有间隔可以使火候均匀，烘烤的效果也会更好。

粉类过筛后效果好

面粉吸湿性非常强，接触空气较长一段时间，面粉就会吸附空气中的潮气而产生结块，这时将面粉过筛后再使用，可使面粉在跟液体材料混合时，避免出现小疙瘩。

烘焙中的问 & 答

在学烘焙的过程中，大家难免会遇到各种问题，有时候跟着制作方法去操作，但最后的成品还是不够完美，这也许不是配方有问题，而是在制作过程中的一些小细节被忽略了，我们将烘焙中最常见的基础问题一一罗列出来，为您解答学习过程中的疑惑。

问： 影响蛋白打发的因素主要有哪些呢？

答： 影响蛋白打发的主要因素有鸡蛋、白糖和打发的工具。

首先在酸性的环境下，蛋白霜会更加稳定，而鸡蛋属于碱性，越新鲜的鸡蛋，碱性越低，因此我们尽量选择新鲜的鸡蛋。白糖溶化后能形成厚重且有黏性的糖浆，帮助减少蛋白霜中水分的消耗，增加其稳定性，从而防止泡沫崩塌。一般糖的分量为蛋白的50%，但最少也不能低于蛋白的30%，否则打出来的蛋白霜就很容易消泡。

打蛋工具的最佳选择就是厨师机，但对于家庭烘焙来说，可以选择电动打蛋器或者手持打蛋器。使用打蛋器时请注意以下两点：一是选择直径小且深的容器；二是打蛋头要尽量接触容器底部。

问： 一般烘焙书中提到的打发蛋白的发泡状态有哪些，怎样判别呢？

答： 发泡状态一般分为三种，湿性发泡、中性发泡和硬性发泡。

打发至湿性发泡时，蛋白出现光泽奶油状，提起打蛋器后，蛋白表面呈现小尖角，但是是弯曲倾斜的，打蛋器上的蛋白自然垂下，湿性发泡可用于制作天使蛋糕。打发至中性发泡时，提起打蛋器后，蛋白呈现出短且有点弯的小尖状，这种状态适合做轻奶酪蛋糕。

湿性发泡之后继续搅打4～5分钟，蛋白的光泽度更强，更加黏稠更加硬，提起打蛋器后，蛋白呈一个坚挺不会倒塌的小尖状，打蛋器上的蛋白也是坚挺的小尖状，这便是硬性发泡。成功的硬性发泡，应该是把容器倒置过来，蛋白也不会掉下来，制作戚风蛋糕的话，必须打发到硬性发泡的程度才可以。

问：在烘焙过程中，为什么有时候要鸡蛋分离？

答：在烘焙中，我们经常发现配方材料中有“蛋白”和“蛋黄”这样分开使用的材料。单用蛋白是因为它的凝聚力强，而蛋黄凝聚力差，而且含有的胆固醇高，一般较少使用。要注意的是，蛋白中不能混入一丝蛋黄，而蛋黄中可以带些许蛋白。另外，盛蛋白、蛋黄的碗中不能有任何油分和水分，否则将会无法打发。

问：怎样溶解吉利丁片较好？

答：吉利丁片在使用前，必须先泡在冷水中软化。加热溶解的吉利丁冷却后才能与其他混合物混合，不然就会变成一条一条的。溶解的比例是1茶匙的吉利丁配1大匙水。把冷水倒入耐热碗里，撒下吉利丁片，先将它软化5分钟。再把碗放到锅里隔水加热，直到吉利丁片清澈透明且溶解为止，等到冷却后再使用。

需要注意的是，先把水准备好，再加进吉利丁片，否则会出现结块，以致无法有效溶解。另外加热要适度，否则会失去凝固的效果。

问：以电动打蛋器将全蛋打发成细致发泡时，用什么样的速度打发比较适合呢？

答：以高速→中速→低速的变化来进行打发比较好。鸡蛋最理想的发泡程度，是全体有膨大感，并且气泡呈现小而细的状态。这种发泡状态的鸡蛋，制作海绵蛋糕，烘烤完成后的口感就会绵密细致。

手持电动打蛋器或桌立式电动打蛋器，改变速度进行打发，就会打出大小不均的气泡。以高速打发，鸡蛋会包含空气形成较大的气泡；以低速打发，因空气不易进入其中所以气泡较小。此外，即使打出了较大的气泡，也会在持续打发中因接触到打蛋器的钢线而产生分化，变成较小的气泡。

将这些特性加以活用，先以高速再改为中速，最后以低速的三阶段式调整搅打速度，就可以在最初时增加气泡量，增加全体的膨胀感，接着再将其打发成均匀细致的气泡。

问：饼干表面起泡的原因是什么，怎样避免呢？

答： 饼干起泡的原因主要有三大类：首先，烤箱前区尤其上火的温度太高，会导致饼干起泡，所以要控制烤箱温度，最好是逐渐增高上火的温度；其次，膨松剂结块未被打散，会导致烘焙时饼干起泡，所以，要将结块的膨松剂粉碎再用；最后，面团弹性太大，在烘烤的时候，面筋挡住气体通道无法散出，也会使饼干表面起泡，因而要使用有较多针的模具降低面团弹性。

问：为什么面粉需要过筛后再使用呢？

答： 混合面包面团前，最好先将面粉过筛的理由在于：防止异物混入；除去吸收了湿气结块的面粉；使面粉中充满较多的空气，以提高水分的吸收等。一旦结成块状的面粉混入面团当中，不管是在混合阶段或面团发酵阶段，这个面粉硬块都不会消失，即使是最后烘烤完成的面包，面粉块也仍会存留在其中。

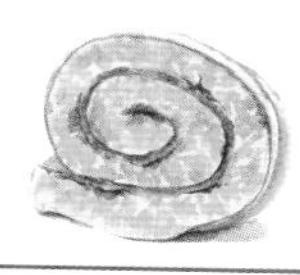

问：加入牛奶或奶粉时，为何面团会紧缩起来呢？

答： 制作面包时，将面团配方中的水改为牛奶或奶粉加入时，面团会产生紧缩的状态，大部分是因为面团中水分不足所引起的。牛奶中含有约一成的固体成分，所以即使是相同的容积，其中水与牛奶中的水分含量仍是不同的。当配方中的水分全部替换成牛奶时，牛奶的使用量必须较配方中的水分用量增加一成。此外，同样的配方中，加奶粉的面团和不加奶粉的面团，面团的硬度也会有明显的不同，加入奶粉的面团会比较硬，这是因为干燥的奶粉会吸收面团中的水分。因此，加入奶粉的配方，就必须增加水的用量，增加标准就是追加配方中奶粉 1/2 分量的水分。

问：在打发的全蛋中加入面粉，要搅拌多久才合适呢？

答： 搅拌到完全看不到粉类，均匀即可。添加面粉之后，关键是不要过度搅拌。过度搅拌时，会破坏蛋液中的气泡，使得海绵蛋糕体的膨胀状况变差。另外，若是面糊中的麸质过多，会妨碍面糊膨胀而影响状态，因此，在添加面粉之后，搅拌到完全看不到粉类是一个参考指标。

Part 2

手感面包，天然好味道

面包是以小麦粉作为主要原料，以鸡蛋、油脂等作为辅料的烘焙食品。在家屯点自己制作的面包可以解决很多上班族的早餐问题，不仅卫生，而且营养。

美在心间的
紫薯面包

人份

咖啡色的外皮下给人无限的想象，张开嘴轻轻咬一口，满嘴奶香，然后你会惊喜地发现浓浓的一抹紫。

扫一扫二维码
看视频同步做美食

材料 Material

面团

高筋面粉 /250 克
黄油 /60 克
砂糖 /35 克
蛋液 /15 毫升
奶粉 /10 克
盐 /2.5 克
干酵母 /5 克
水 /125 毫升

馅料

去皮熟紫薯 /450 克
细砂糖 /20 克
黄油 /10 克

工具 Tool

烤箱
保鲜膜
刮板
电子秤
叉子
料理机

制作 Make

1 将酵母、糖、奶粉加入高筋面粉中拌匀，倒在案台上，中间开窝。

2 加入蛋液，分次倒入水，每一次混合至没有流动的液体出现再加下一次水，揉成团后继续揉 3 分钟，加入盐再次揉面，揉至能拉出一层薄膜，手指压下去不完全透明。

3 加入黄油继续揉，直到黄油与面团完全融合，可在案台上稍加摔打，使其混合均匀，能拉出一层透明的薄膜。

4 将面团覆盖上一层保鲜膜，静置 10 ~ 15 分钟。

5 将面团分割成 70 克 / 个的小面团。

6 蒸熟的紫薯打成紫薯泥，加入 10 克黄油，打均匀后，再加入 20 克糖，打匀，制成紫薯馅（图 1）。

7 将小面团压扁，包入紫薯泥后，卷起来，两端扁，中间鼓（图 2），做好后可根据个人口味，选择沾上可可粉，使其外表更像紫薯。

8 在面包表面插上几个小孔，排气，常温发酵至原来面团的 2 倍大小，每隔一段时间需在面团上喷一次水。

9 发酵完成后，放入烤箱（图 3），上火 180 ℃，下火 165℃，烤 8 分钟即可。

关键步骤 Committed step

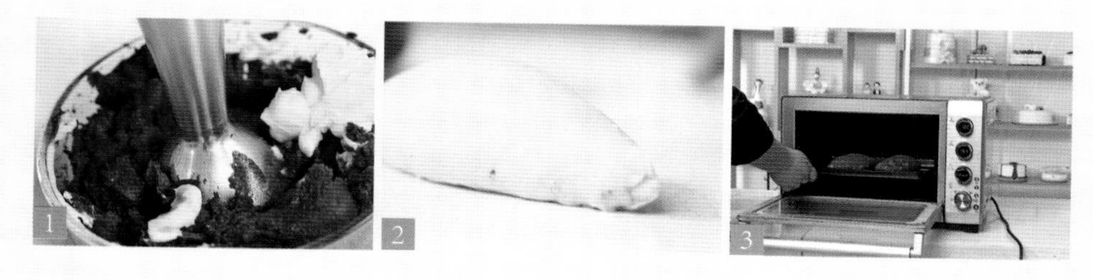

忘不了的黄金体验

起司方块

人份 👤👤

材料 Material

黄油 /100 克
芝士 /60 克
淡奶油 /200 毫升
糖粉 /70 克
腰果 /50 克
吐司 / 若干片

工具 Tool

打蛋器
不锈钢盆
勺子
烤箱

制作 Make

1 把淡奶油、糖粉、黄油和芝士放入不锈钢盆中加热，用打蛋器搅拌均匀，制成原料酱。
2 把吐司蘸上拌好的原料酱（图 1）。
3 在吐司表面撒上腰果，再用勺子淋上原料酱（图 2），放入烤盘中。
4 把烤盘放入预热好的烤箱中，上火 200℃，下火 100℃，烘烤 10 分钟左右。
5 取出烤好的起司装盘即可。

关键步骤 Committed step

1

2

扫一扫二维码
看视频同步做美食

制作笔记 *Notes*

腰果可提前捏碎，起司的烘烤时间可根据表面的上色情况适当调整。

浓浓香甜浅浅紫

紫薯吐司

人份 👤👤👤

甜糯的紫薯与面粉的相遇让吐司柔软、绵润的口感更进一层，伴随着紫薯特殊的香气、优雅的色泽，为吐司添上一件浪漫的里衣。

材料 *Material*

高筋面粉 /500 克
黄油 /70 克
奶粉 /20 克
细砂糖 /100 克
鸡蛋 /50 克
酵母 /8 克
盐 /5 克
水 /200 毫升
紫薯泥 /60 克

工具 *Tool*

玻璃碗
刮板
打蛋器
方形模具
保鲜膜
擀面杖
烤箱
刷子

制作 *Make*

1 将细砂糖、水倒入玻璃碗中，用打蛋器搅拌至细砂糖溶化。
2 把高筋面粉、酵母、奶粉倒在案台上，用刮板开窝，倒入备好的糖水，将材料混合均匀，并按压成形。
3 加入鸡蛋，将材料混合均匀，揉搓成面团，将面团稍微拉平，倒入黄油，揉搓均匀。
4 加入盐，揉搓成光滑的面团，用保鲜膜将面团包好，静置 10 分钟。
5 取适量面团，压扁，用擀面杖擀平制成面饼，放上紫薯泥，铺平整，将其卷成橄榄状，制成生坯。
6 生坯放入刷有黄油的方形模具中，常温发酵 1.5 小时。
7 将装有生坯的模具放入预热好的烤箱中，上火 175℃，下火 200℃，烤 25 分钟至熟。
8 取出模具，将烤好的紫薯吐司装盘即可。

幸福如花绽放
杂蔬火腿芝士卷

人份 2

鲜蔬与浓香芝士、肉质醇厚的火腿的结合，呈现出这款营养美味的杂蔬火腿芝士卷。丰富的用料，带来的是惊喜的口感。

材料 Material

面团

高筋面粉 /500 克
黄油 /70 克
奶粉 /20 克
细砂糖 /100 克
盐 /5 克
鸡蛋 /1 个
水 /200 毫升
酵母 /8 克

馅部分

菜心粒 /20 克
洋葱粒 /30 克
玉米粒 /20 克
火腿粒 /50 克
芝士粒 /35 克

装饰部分

沙拉酱 / 适量

工具 Tool

玻璃碗
刮板
打蛋器
保鲜膜
擀面杖
纸杯
刷子
烤箱

制作 Make

1 制作面团：将细砂糖、水倒入碗中，用打蛋器搅拌至细砂糖溶化。
2 把高筋面粉、酵母、奶粉倒在案台上，用刮板开窝，倒入备好的糖水，将材料混合均匀，并按压成形。
3 加入鸡蛋，将材料混合均匀，揉搓成面团，将面团稍微拉平，倒入黄油，揉搓均匀。
4 加入盐，揉搓成光滑的面团，用保鲜膜将面团包好，静置 10 分钟。
5 制作馅料：取适量面团，用擀面杖擀成面饼，面饼上均匀铺入洋葱粒、菜心粒、火腿粒、芝士粒。
6 将放好食材的面饼卷成橄榄状生坯，切成 3 等份，放入纸杯中，撒上玉米粒，常温发酵 2 小时至微微膨胀，放入烤盘，并在表面刷上沙拉酱。
7 将烤盘放入预热好的烤箱中，上下火 190℃，烤 10 分钟至熟，取出烤好的面包即可。

圈住你的心

多拿滋甜甜圈

人份

扫一扫二维码
看视频同步做美食

在美国，任何一个糕点店铺都有甜甜圈出售，从 5 岁儿童到 75 岁老人都对它有着一致的热爱，它一圈一圈地圈住了人们的心。

材料 *Material*

高筋面粉 /250 克
黄油 /60 克
砂糖 /35 克
蛋液 /15 毫升
奶粉 /10 克
盐 /2.5 克
干酵母 /5 克
水 /125 毫升
彩色巧克力 / 适量
色拉油 / 适量
糖珠 / 适量

工具 *Tool*

擀面杖
锅
冰箱
刮板
保鲜膜
电子秤
烤盘

制作 *Make*

1 将酵母、糖、奶粉加入高筋面粉中拌匀，倒在案台上，中间开窝。

2 加入蛋液，分次倒入水，每一次混合至没有流动的液体再加下一次水，揉成团继续揉 3 分钟，加入盐再次揉面，揉至能拉出一层薄膜，手指压下去不完全透明。

3 加入黄油继续揉，直到黄油与面团完全融合，可在案台上稍加摔打，使其混合均匀，能拉出一层透明的薄膜。

4 将面团覆盖上一层保鲜膜，静置 10 ~ 15 分钟（图 1）。

5 将面团切分成 70 克 / 个的小面团，将小面团揉圆，放在烤盘中，再放进冰箱冷冻 10 分钟左右。

6 取出冷冻好的面团，用擀面杖将小面团逐个擀成面饼，然后卷起来，搓成长条，将长条一端压薄，围成一个圈（图 2）。

7 放入铺有低筋面粉的烤盘中，室温下发酵至面团比原面团稍大一些。将甜甜圈面团生坯放入油温为 140℃的热油炸熟，放进去后立即翻面，炸至两面焦黄（图 3）。

8 彩色巧克力隔水加热融化，取出炸好的甜甜圈，沾上巧克力液，撒上糖珠进行装饰即可（图 4）。

关键步骤 *Committed step*

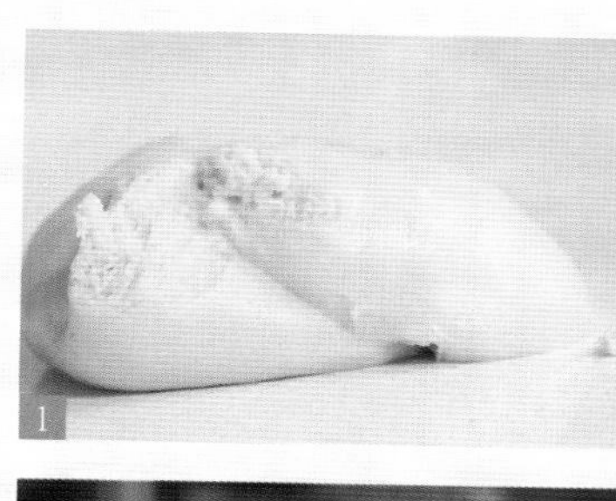
1

2

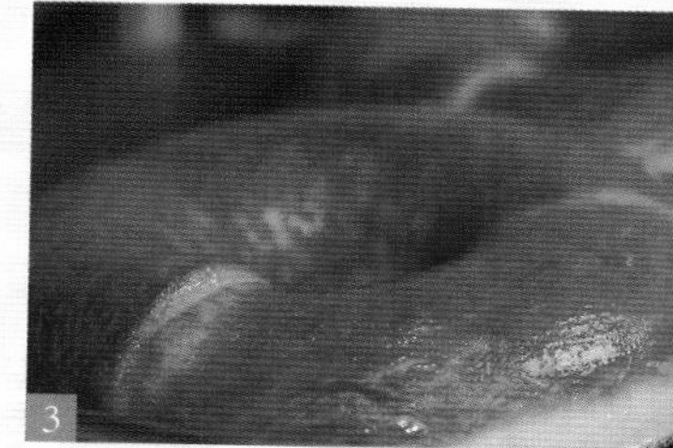
3

4

来一场松软体验

葱香芝士面包

人份 👤👤

葱香芝士面包，是属于香葱和芝士的一场约会。香葱的扑鼻香和芝士的奶香在烤箱的烘焙下，满屋飘香。

扫一扫二维码
看视频同步做美食

材料 *Material*

面团

高筋面粉 /250 克
黄油 /60 克
砂糖 /35 克
蛋液 /15 毫升
奶粉 /10 克
盐 /2.5 克
干酵母 /5 克
水 /125 毫升

馅料

葱汁 /80 克
黄油 /120 克
盐 /2 克
芝士 /10 克

工具 *Tool*

烤箱，擀面杖，刀片，裱花袋，保鲜膜，电子秤，刷子，刮板

制作 *Make*

1 制作面团：将酵母、糖、奶粉加入高筋面粉中拌匀，倒在案台上，中间开窝。

2 加入蛋液，分次倒入水，每一次混合至没有流动的液体再加下一次水，揉成团后继续揉 3 分钟，加入盐再次揉面，揉至能拉出一层薄膜，手指压下去不完全透明。

3 加入黄油继续揉，直到黄油与面团完全融合，可在案台上稍加摔打，使其混合均匀，能拉出一层透明的薄膜。

4 将面团覆盖上一层保鲜膜，静置 10 ~ 15 分钟后，分割成 80 克 / 个的小面团。

5 将小面团用擀面杖压平，一头宽一头窄，然后卷起来，常温发酵至原来面团的 2 倍大小，每隔一段时间需在面团上喷一次水。

6 制作馅料：将盐加入黄油中，拌匀，再加入葱汁拌匀，做成馅料（图 1）。

7 在发酵好的面团上刷上一层蛋液，用刀片在表面竖着划上一条口子（图 2）。

8 将馅料装入裱花袋，挤入面团中间的口子里，撒上芝士，放入预热好的烤箱中（图 3），上火 180℃，下火 165℃，烤 8 分钟左右即可。

关键步骤 *Committed step*

1

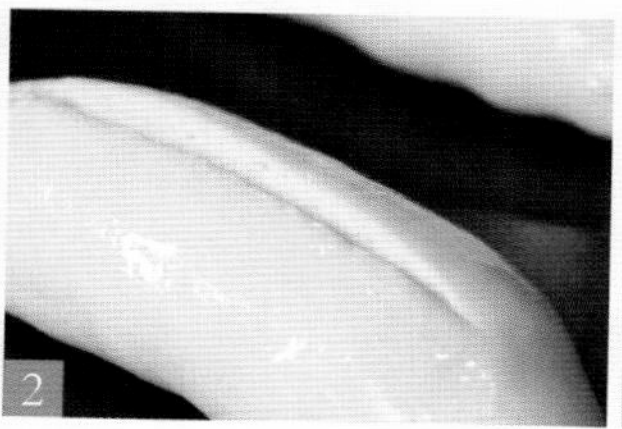

2

3

寓意美好的

哈尼龟面包

人份 4

材料 Material

面团

高筋面粉 /250 克
黄油 /60 克
砂糖 /35 克
蛋液 /15 毫升
奶粉 /10 克
盐 /2.5 克
干酵母 /5 克
水 /125 毫升

酥皮

白糖 /18 克
黄油 /4 克
鲜牛奶、炼乳各 1.5 毫升
蛋液 /2 毫升
低筋面粉 /22 克
奶粉 /1 克
苏打粉、泡打粉各 0.2 克

工具 Tool

刮板，烤箱，保鲜膜，冰箱，竹扦，电子秤，刷子

扫一扫二维码
看视频同步做美食

制作 Make

1 面团制作：将酵母、糖、奶粉加入高筋面粉中拌匀，倒在案台上，中间开窝，加入蛋液，分次倒入水，每一次混合至没有流动的液体再加下一次水，揉成团后再揉 3 分钟。
2 加入盐再次将面团揉至能拉出一层不完全透明的薄膜。
3 加入黄油继续揉，直到黄油与面团完全融合，能拉出一层透明的薄膜，将面团覆盖上一层保鲜膜，静置 10 ~ 15 分钟。
4 将面团切分成大小不一的小面团，乌龟身体约 55 克 / 个，乌龟头约 10 克 / 个，脚和尾巴约 8 克 / 个，将小面团全部揉圆，放入烤盘中，再放进冰箱冷冻 10 分钟左右。
5 酥皮制作：将黄油倒在案台上，加入白糖混合均匀，倒入炼乳与牛奶混合均匀，加入泡打粉、苏打粉、奶粉混合均匀。
6 再加入蛋液混合均匀，将材料抹开一些，均匀倒入低筋面粉，进行压拌至无干粉即可揉成面团，制成酥皮，放置一旁备用。
7 取出冷冻好的面团，稍加揉搓后在烤盘中摆出乌龟造型，常温发酵 1 ~ 1.5 小时，每隔 10 ~ 15 分钟在面团上喷一次水（图 1）。
8 取出发酵好的面团，将做好的酥皮取出小块，压成薄薄的酥皮片，盖在乌龟身上，在其表面刷上一层蛋液，再用竹扦在表面画出纹路（图 2），放入预热好的烤箱中，上火 215℃，下火 165℃，烤 8 分钟左右即可。

关键步骤 Committed step

1

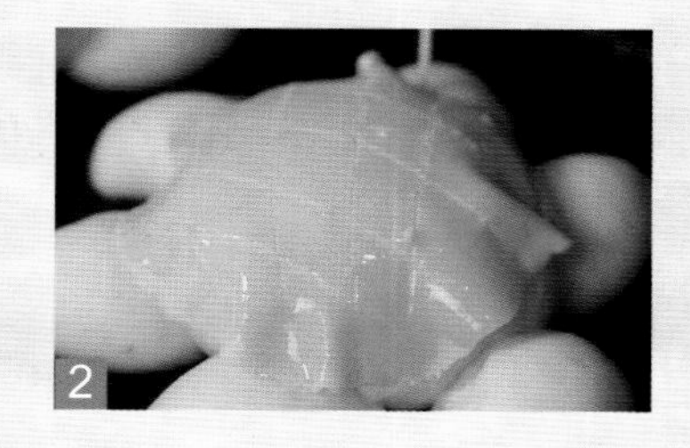

2

制作笔记 *Notes*

面团放入冰箱冷冻时，若冰箱冷风较强，需封上保鲜膜再冷冻；面包制作完成放凉后可在乌龟头部用巧克力液点上眼睛和嘴巴，使其更生动。

就是这么洋气

黑椒鸡扒包

人份 2

扫一扫二维码
看视频同步做美食

生活除了诗和远方，还有好吃的黑椒鸡扒包。松软的面包搭配香浓过瘾的黑椒鸡扒，鸡扒汁浸透面包，黑白芝麻星星点点，加上西红柿的鲜，生活就是如此简单洋气。

材料 *Material*

高筋面粉 /250 克
黄油 /60 克
砂糖 /35 克
蛋液 /15 毫升
奶粉 /10 克
盐 /2.5 克
干酵母 /5 克
水 /125 毫升
腌制好的鸡扒 /50 克
黑白芝麻 / 适量
食用油 / 适量

工具 *Tool*

烤箱
保鲜膜
刮板
擀面杖
电子秤
锅
刮刀

制作 *Make*

1 将酵母、糖、奶粉加入高筋面粉中拌匀，倒在案台上，中间开窝。
2 加入蛋液，分次倒入水，每一次混合至没有流动的液体再加下一次水，揉成团后继续揉 3 分钟，加入盐再次揉面，揉至能拉出一层薄膜，手指压下去不完全透明。
3 加入黄油继续揉，直到黄油与面团完全融合，可在案台上稍加摔打，使其混合均匀，能拉出一层透明的薄膜。
4 将面团覆盖上一层保鲜膜，静置 10 ~ 15 分钟。
5 将面团分割成 100 克 / 个的小面团。
6 将小面团压平，一头宽一头窄，卷起来，沾上清水和黑白芝麻，放入烤盘（图 1）。
7 常温发酵至原来面团的 2 倍大，每隔一段时间需在面团上喷一次水。
8 发酵完成后，放入烤箱中，上火 185℃、下火 165℃，烤 10 分钟左右（图 2）。
9 在锅内倒油加热，放入鸡扒煎至两面金黄（图 3），再将鸡扒切成条状。
10 取出烤好的面包，从顶部中间切开，但不切断，放入鸡扒即可（图 4），也可再加入西红柿进行装饰。

关键步骤 *Committed step*

1

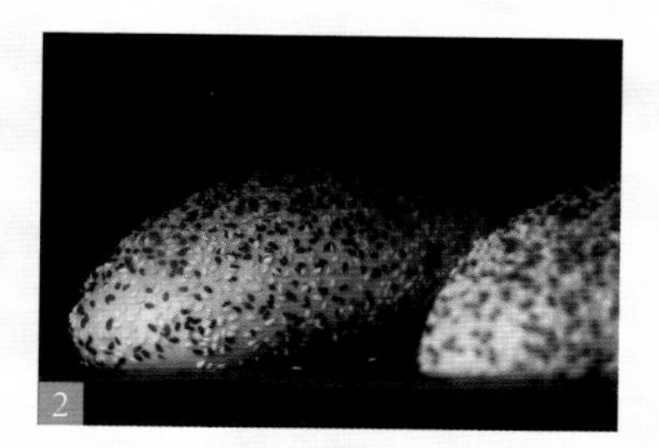
2

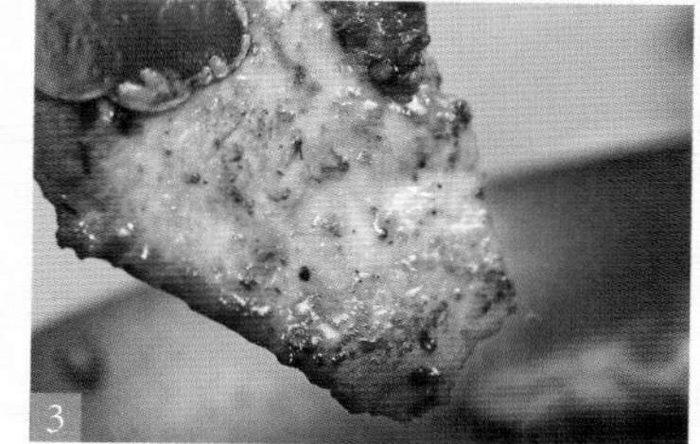
3

4

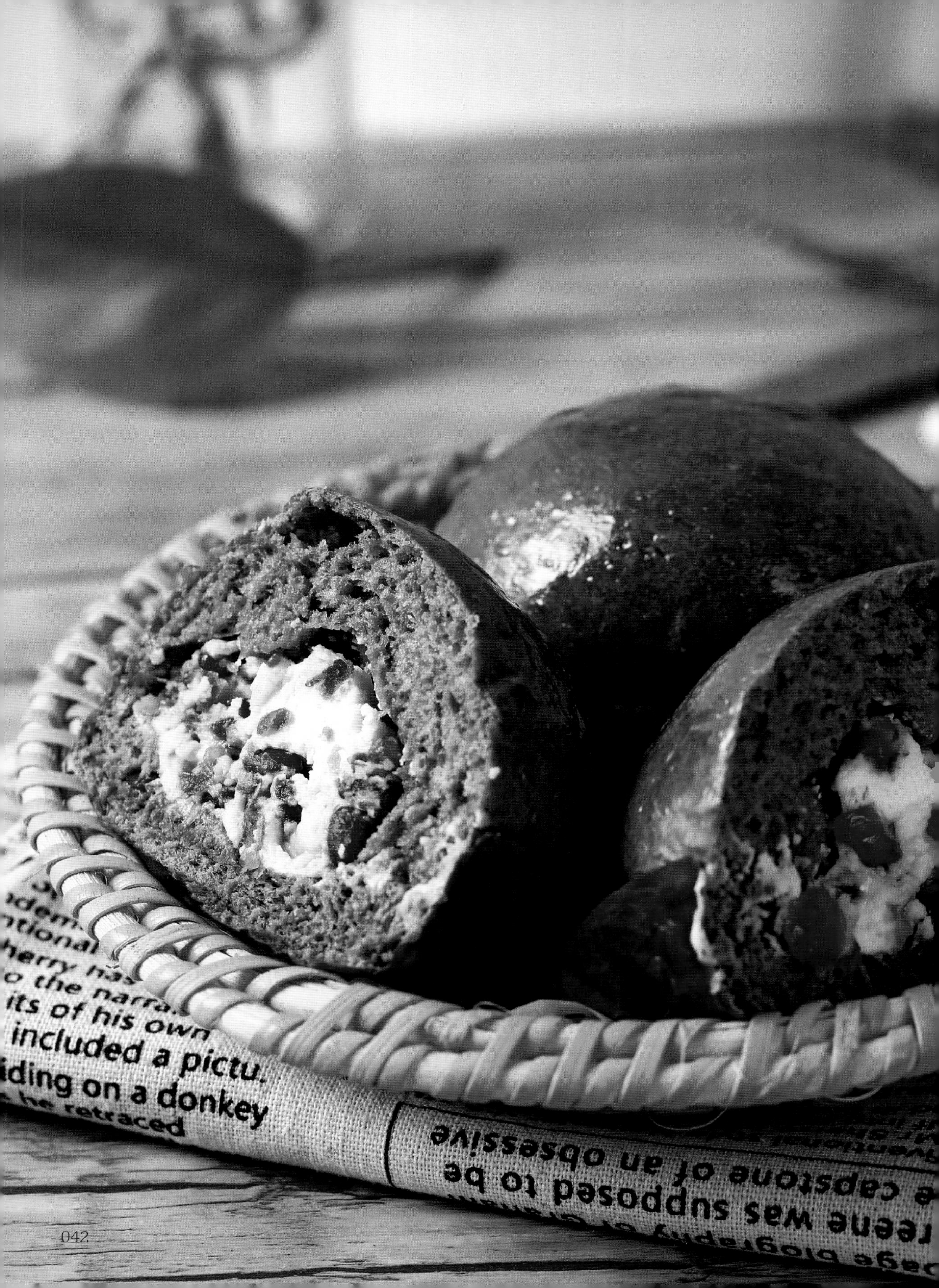

甜蜜的心

小球藻面包

人份

小球藻面包有光滑的外皮，柔软的内在，甜蜜的心，真是风味十足。

扫一扫二维码
看视频同步做美食

材料 Material

面团

高筋面粉 /250 克
黄油 /60 克
砂糖 /35 克
蛋液 /15 毫升
奶粉 /10 克
盐 /2.5 克
干酵母 /5 克
水 /125 毫升
球藻粉 /3 克

馅料

奶酪 /50 克
红豆 /20 克
蔓越莓 /10 克

工具 Tool

烤箱，刮板，纸杯，刷子，橡皮刮刀，打蛋器，电子秤，刷子

制作 Make

1 将酵母、糖、奶粉加入高筋面粉中拌匀，倒在案台上，中间开窝。

2 加入蛋液，分次倒入水，每一次混合至没有流动的液体再加下一次水，揉成团继续揉 3 分钟，加入盐再次揉面，揉至能拉出一层薄膜，手指压下去不完全透明。

3 加入黄油继续揉，直到黄油与面团完全融合，可在案台上稍加摔打，使其混合均匀，能拉出一层透明的薄膜，加入球藻粉拌匀，静置 10 ～ 15 分钟。

4 奶酪打散，加入红豆和蔓越莓拌匀，制成馅料（图 1）。

5 将面团分割成 65 克 / 个的小面团，揉圆，包入 40 克 / 个的馅料，放入纸杯中（图 2），常温下发酵至原来面团的 2 倍大小，每隔一段时间需在面团上喷一次水。

6 取出发酵好的面团，刷上一层蛋液，放入预热好的烤箱中，以上火 175℃、下火 160℃的温度，烤 8 分钟即可（图 3）。

制作笔记 Notes

球藻粉可以提前加入高筋面粉中拌匀，这样更易混合均匀，制成球藻面团。

关键步骤 Committed step

1

2

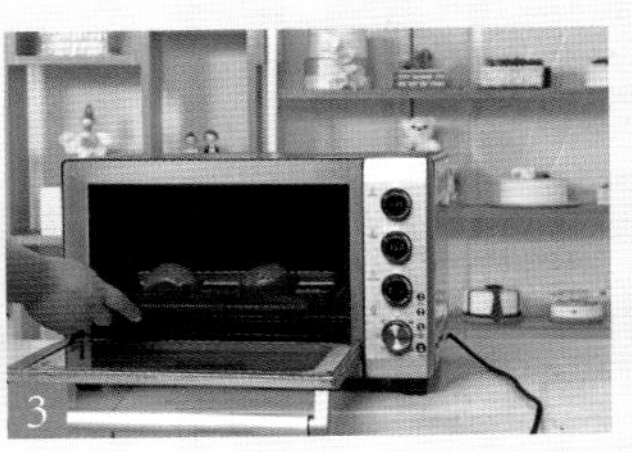
3

咖啡奶酥包

人份 3

材料 Material

高筋面粉 /250 克
蛋液 /15 毫升
奶粉 /10 克
盐 /2.5 克
干酵母 /5 克
黄油 /60 克
砂糖 /35 克
水 /125 毫升
咖啡粉 /10 克

辅料

黄油 /60 克
糖粉 /50 克
盐 / 少许
蛋液 /20 毫升
奶粉 /60 克
吉士粉 /20 克
水 /60 毫升

工具 Tool

烤箱，保鲜膜，裱花袋，刮板，橡皮刮刀，电子秤，刷子，纸杯

扫一扫二维码
看视频同步做美食

制作 Make

1 将酵母、糖、10 克奶粉加入高筋面粉中拌匀，倒在案台上，中间开窝，倒入 15 毫升蛋液。
2 分次倒入 125 毫升水，每一次混合至没有流动的液体再加下一次水，揉成团继续揉 3 分钟，加入 2.5 克盐再次揉面，揉至能拉出一层薄膜，手指压下去不完全透明。
3 加入黄油继续揉，直到黄油与面团完全融合，可在案台上稍加摔打，使其混合均匀，能拉出一层透明的薄膜，然后加入咖啡粉拌匀，将面团覆盖上一层保鲜膜，静置 10 ~ 15 分钟。
4 将黄油倒在案台上，加入糖粉拌匀，分 2 次加入蛋液搅拌均匀。
5 加入奶粉拌匀后，再加入盐拌匀，制成馅料备用。
6 将面团分割成 70 克 / 个的小面团，揉圆后再压扁，包入适量馅料，放入纸杯中（图 1），常温发酵至原来面团的 2 倍大小，每隔一段时间需在面团上喷一次水。
7 在吉士粉中倒入水，搅拌均匀制成装饰材料，装入裱花袋中。
8 取出发酵好的面团，刷上一层蛋液，挤上装饰性材料（图 2），放入预热好的烤箱中，以上火 180℃、下火 160℃的温度，烤 8 分钟左右即可。

关键步骤 Committed step

1

2

制作笔记 *Notes*

咖啡粉可以提前加入高筋面粉中拌匀，这样更易拌匀成咖啡面团。面包生坯还可放在烤箱中发酵，下火38℃左右，不要超过40℃，发酵40分钟左右即可。

有料的面包最解馋

火腿面包

人份 👤👤👤👤

咸香的火腿被面包所缠绕，看上去憨态可掬。面包细腻柔软，火腿又自带风味，不怪乎成为人们早餐餐桌上的常客，搭上一杯香醇的豆浆更是为身体的营养加分。

材料 Material

高筋面粉 /500 克
黄油 /70 克
奶粉 /20 克
细砂糖 /100 克
盐 /5 克
鸡蛋 /50 克
水 /200 毫升
酵母 /8 克
火腿肠 /4 根

工具 Tool

玻璃碗
刮板
打蛋器
擀面杖
保鲜膜
电子秤
烤箱
刷子

制作 Make

1 将细砂糖、水倒入玻璃碗中，用打蛋器搅拌至细砂糖溶化。

2 把高筋面粉、酵母、奶粉倒在案台上，用刮板开窝，倒入备好的糖水，将材料混合均匀，并按压成形。

3 加入鸡蛋，将材料混合均匀，揉搓成面团，将面团稍微拉平，倒入黄油，揉搓均匀。

4 加盐，揉搓成光滑的面团，用保鲜膜包好，静置 10 分钟，将面团分成数个 60 克 / 个的小面团，揉搓成圆形，用擀面杖擀平。

5 从一端开始，将面团卷成卷，搓成细长条状，再沿着火腿肠卷起来，制成火腿面包生坯，放入烤盘，使其发酵 90 分钟。

6 取出发酵好的面团，放入预热好的烤箱中，上下火 190℃，烤 15 分钟至熟。

7 取出烤盘，在面包上刷适量黄油即可。

送你的早餐

早餐包

人份

早上起来吃两个早餐包，再搭配一杯柠檬水或者牛奶，感觉一整天都会精神满满。

材料 Material

高筋面粉 /500 克
黄油 /70 克
奶粉 /20 克
细砂糖 /100 克
盐 /5 克
鸡蛋 /1 个
水 /200 毫升
酵母 /8 克
蜂蜜 / 适量

工具 Tool

玻璃碗，打蛋器，刮板，保鲜膜，电子秤，烤箱，刷子

制作 Make

1 将细砂糖、水倒入玻璃碗中，用打蛋器搅拌至细砂糖溶化。
2 把高筋面粉、酵母、奶粉倒在案台上，用刮板开窝，倒入备好的糖水，将材料混合均匀，并按压成形。
3 加入鸡蛋，将材料混合均匀，揉搓成面团，将面团稍微拉平，倒入黄油，揉搓均匀。加入适量盐，揉搓成光滑的面团，用保鲜膜将面团包好，静置 10 分钟。
4 将面团分成数个 60 克 / 个的小面团，揉搓成圆球形，放入烤盘中，使其发酵 90 分钟。
5 将烤盘放入烤箱，上下火 190℃，烤 15 分钟至熟。
6 取出烤好的早餐包装入盘中，刷上适量蜂蜜即可。

经典美味

蔓越莓牛角包

人份 👤👤👤

扫一扫二维码
看视频同步做美食

美食的精髓不仅在于迷人的味道，还在于其所含的营养价值。蔓越莓对于女性来说是非常有益的食物，它不仅可以抗衰养颜，还可以促进新陈代谢。

材料 *Material*

高筋面粉 /250 克
黄油 /60 克
砂糖 /35 克
蛋液 /15 毫升
奶粉 /10 克
盐 /2.5 克
干酵母 /5 克
水 /125 毫升
蔓越莓 /30 克

工具 *Tool*

烤箱
保鲜膜
擀面杖
刷子
电子秤
刮板

制作 *Make*

1 将酵母、糖、奶粉加入高筋面粉中拌匀，倒在案台上，中间开窝。
2 加入蛋液，分次倒入水，每一次混合至没有流动的液体再加下一次水，揉成团后继续揉 3 分钟，加入盐再次揉面，揉至能拉出一层薄膜，手指压下去不完全透明。
3 加入黄油继续揉，直到黄油与面团完全融合，可在案台上稍加摔打，使其混合均匀，能拉出一层透明的薄膜。
4 将面团覆盖上一层保鲜膜，静置 10 ~ 15 分钟（图 1）。
5 将面团分割成 90 克 / 个的小面团揉圆后再压扁，用擀面杖擀平，一端大，一端小，撒上蔓越莓后卷起来（图 2）。
6 将面包生坯放在烤盘上，摆出牛角造型，常温发酵至原来面团的 2 倍大小，每隔一段时间需在面团上喷一次水（图 3）。
7 取出发酵好的面团，刷上一层蛋液，撒上蔓越莓干，放入预热好的烤箱中，上火 175℃，下火 160℃，烤 6 分钟即可（图 4）。

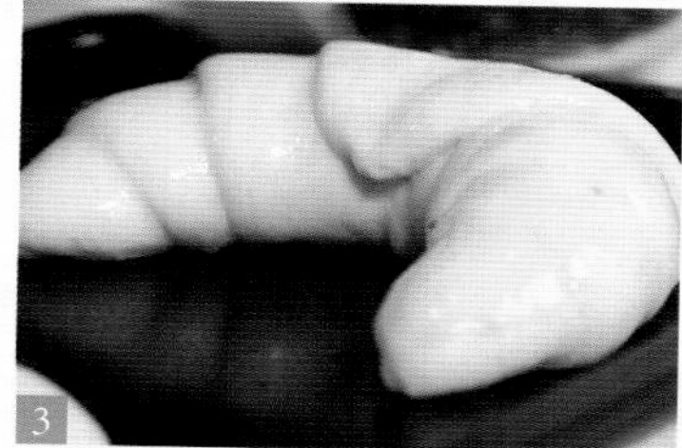

吃的就是简单

墨西哥提子包

人份 👤👤👤

又一款适合做早餐的甜点来了，金黄色的面包上红提子颗颗欲坠。来一口松软，来一口酸甜。

扫一扫二维码
看视频同步做美食

材料 *Material*

面团

高筋面粉 /250 克
黄油 /60 克
砂糖 /35 克
蛋液 /15 毫升
奶粉 /10 克
盐 /2.5 克
干酵母 /5 克
水 /125 毫升

馅料

糖粉 /30 克
黄油 /30 克
提子 /20 克
鸡蛋 /40 克
低筋面粉 /35 克

工具 *Tool*

烤箱
保鲜膜
裱花袋
刷子
电子秤
刮板
擀面杖
打蛋器

制作 *Make*

1 将酵母、糖、奶粉加入高筋面粉中拌匀，倒在案台上，中间开窝。
2 加入蛋液，分次倒入水，每一次混合至没有流动的液体再加下一次水，揉成团后继续揉 3 分钟，加入盐再次揉面，揉至能拉出一层薄膜，手指压下去不完全透明。
3 加入黄油继续揉，直到黄油与面团完全融合，可在案台上稍加摔打，使其混合均匀，能拉出一层透明的薄膜。
4 将面团覆盖上一层保鲜膜，静置 10 ~ 15 分钟。
5 将面团分割成 70 克 / 个的小面团揉圆后再压扁，用擀面杖擀平，一端大，一端小，卷起来成麻花形状（图 1）。
6 常温发酵至原来面团的 2 倍大小，每隔一段时间需在面团上喷一次水。
7 将 30 克黄油倒入大碗中，加入糖粉，用打蛋器打散，加入鸡蛋拌匀，再加入低筋面粉拌匀制成馅料，装入裱花袋中。
8 在发酵好的面团上刷上一层蛋液，挤上馅料，撒上提子（图 2）。
9 将面包生坯放入预热好的烤箱中，上火 180℃，下火 160℃，烤 8 分钟即可（图 3）。

关键步骤 *Committed step*

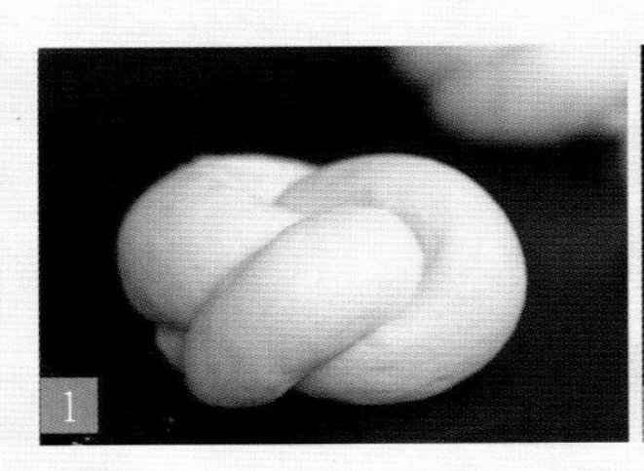
1

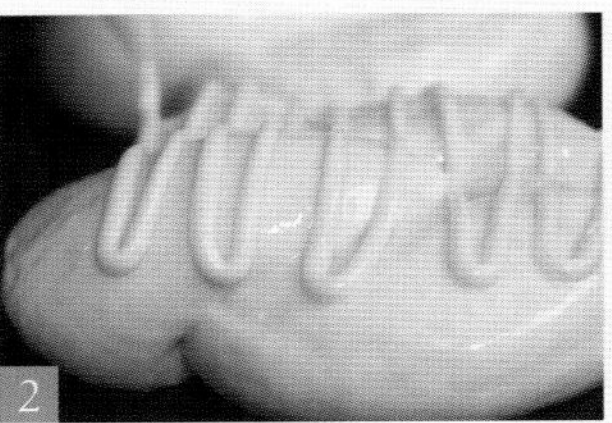
2

3

爱的就是你

奶黄包

人份 👤👤

材料 Material

面团

高筋面粉 /250 克
黄油 /60 克
砂糖 /35 克
蛋液 /15 毫升
奶粉 /10 克
盐 /2.5 克
干酵母 /5 克
水 /125 毫升

奶黄馅

黄油 /110 克
白糖 /100 克
奶粉 /80 克
鸡蛋 /4 个
玉米淀粉 /50 克

装饰

黄油、白糖各 10 克
低筋面粉 35 克

工具 Tool

烤箱，保鲜膜，冰箱，刮板，刷子，电子秤，电动打蛋器

扫一扫二维码
看视频同步做美食

制作 Make

1 面团制作：将酵母、糖、奶粉加入高筋面粉中拌匀，倒在案台上，中间开窝，加入蛋液，分次倒入水，每一次混合至没有流动的液体再加下一次水，揉成团后继续揉 3 分钟。
2 加入盐再次揉，直至能拉出一层不完全透明的薄膜。
3 加入黄油继续揉，直到黄油与面团完全融合，可在案台上稍加摔打，使其混合均匀，能拉出一层透明的薄膜。
4 将面团覆盖上一层保鲜膜，静置 10 ~ 15 分钟。
5 馅料制作：黄油倒入大碗中用电动打蛋器打散，加入白糖继续搅打，分次加入鸡蛋搅拌均匀。
6 加入奶粉拌匀，再加入玉米淀粉拌匀，用保鲜膜封起来冷冻 30 分钟，制成内馅。
7 将面团分割成 70 克 / 个的小面团揉圆。
8 取出冻好的内馅，包入小面团中（图 1），常温发酵至原来面团的 2 倍大小，每隔一段时间需在面团上喷一次水。
9 将 10 克黄油倒在案台上，加入 10 克白糖，用刮板混合均匀，加入低筋面粉拌匀制成装饰材料。
10 取出发酵好的面团，刷上一层蛋液，撒上做好的装饰材料（图 2），放入预热好的烤箱中，以上火 180℃、下火 160℃的温度，烤 8 分钟，表面呈金黄色即可出炉。

关键步骤 Committed step

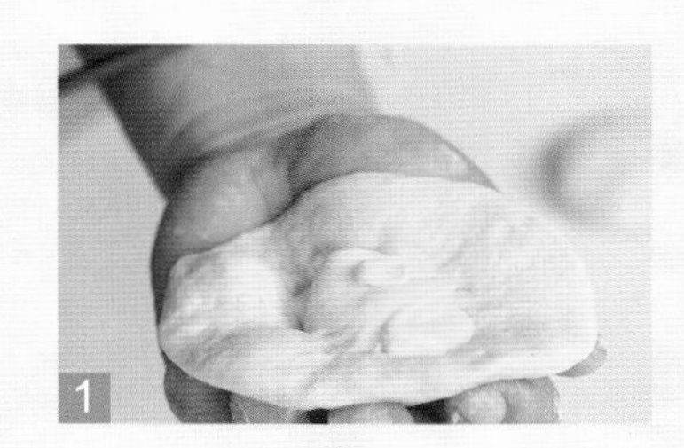

1

2

制作笔记 *Notes*

根据上色情况可将面包的烘烤时间延长3～5分钟。

难以割舍的爱

酥皮菠萝面包

人份

扫一扫二维码
看视频同步做美食

菠萝酸酸甜甜的口味俘获了不少人的心，那么把面包做成菠萝的样子会是什么样呢？面点可以做成无数个你心里想象的模样，一点点的变化，都会给你的生活带来意想不到的惊喜。

材料 *Material*

面团

高筋面粉 /250 克
黄油 /60 克
砂糖 /35 克
蛋液 /15 毫升
奶粉 /10 克
盐 /2.5 克
干酵母 /5 克
水 / 约 125 毫升

酥皮

白糖 /18 克
黄油 /4 克
鲜牛奶 /1.5 毫升
炼乳 /1.5 克
蛋液 /2 毫升
低筋面粉 /22 克
奶粉 /1 克
苏打粉 /0.2 克
泡打粉 /0.2 克

工具 *Tool*

烤箱
保鲜膜
刀片
刮板
电子秤
刷子
纸杯

制作 *Make*

1 面团制作：将酵母、糖、奶粉加入高筋面粉中拌匀，倒在案台上，中间开窝。

2 加入蛋液，分次倒入水，每一次混合至没有流动的液体再加下一次水，揉成团后继续揉 3 分钟，加入盐再次揉面，揉至能拉出一层薄膜，手指压下去不完全透。

3 加入黄油继续揉，直到黄油与面团完全融合（图 1），可在案台上稍加摔打，使其混合均匀，能拉出一层透明的薄膜。

4 将面团覆盖上一层保鲜膜，静置 10 ~ 15 分钟。

5 将面团分割成 50 克 / 个的小面团。

6 将小面团揉圆，放入蛋糕纸杯中（图 2），常温发酵至原来面团的 2 倍大小，每隔一段时间需在面团上喷一次水。

7 酥皮制作：将黄油倒在案台上，加入白糖混合均匀后，倒入炼乳与牛奶混合均匀，再加入泡打粉、苏打粉、奶粉混合均匀。

8 然后加入蛋液混合均匀，将材料抹开一些，均匀倒入低筋面粉，进行压拌（不能揉搓），压至无干粉即可揉成面团，制成酥皮，放置一旁备用。

9 将酥皮压成薄薄的酥皮片，盖在发酵好的面团上（图 3），刷上一层蛋液，用刀片划上几条菠萝表皮纹路。

10 将面包生坯放入预热好的烤箱中（图 4），上火 215℃，下火 160℃，烘烤 7 分钟左右即可。

关键步骤 *Committed step*

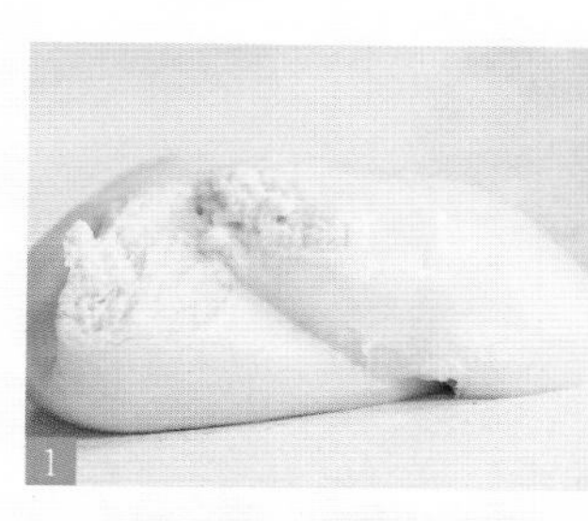
1

2

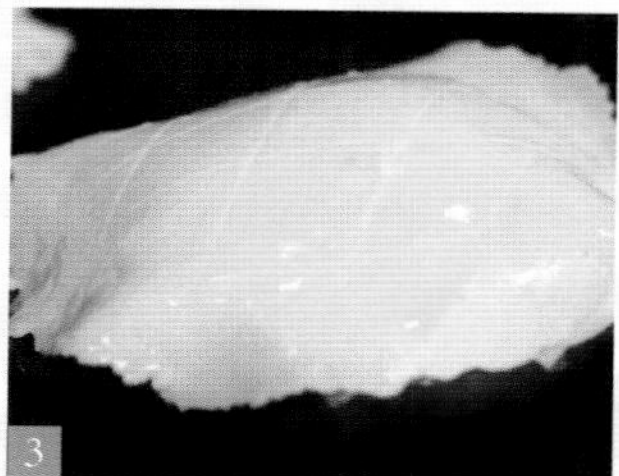
3

4

长棍情
法棍面包

人份

有一种面包，没有华丽的外表，它有些狭长，表皮很硬，但它却有着朴实的内容，柔软的内心。

扫一扫二维码
看视频同步做美食

材料 Material

高筋面粉 /225 克
盐 /4.5 克
酵母 /2.5 克
水 /145 毫升

工具 Tool

烤箱
刀片
保鲜膜
电子秤
刮板

制作 Make

1 将高筋面粉倒在案台上，开窝。
2 加入部分水，在水上倒入酵母，待酵母溶化后，再加入剩余清水一起揉面。
3 揉 2 ~ 3 分钟后再加入盐，再次揉至能拉出一层薄膜（图 1），手指压下去不完全透明。
4 面团分割成 150 克 / 个的小面团，揉圆，放入烤盘中，盖上保鲜膜，放置一旁松弛 30 分钟。
5 取出松弛好的面团，稍加压扁后，先卷一下两边，再全部卷起来（图 2），搓成长条，放入烤盘中。
6 用刀片在面包上划上几道口子，放入预热好的烤箱中，上火 230℃，下火 220℃，烤 15 分钟（图 3）。

制作笔记 Notes

根据面包上色情况，烘烤时间可延长 3 ~ 5 分钟。

关键步骤 Committed step

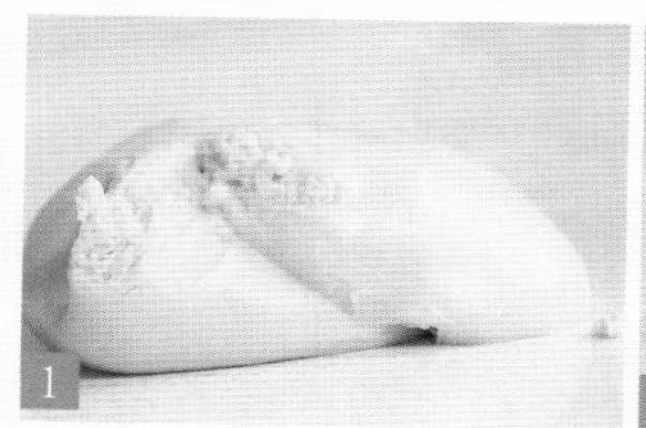
1

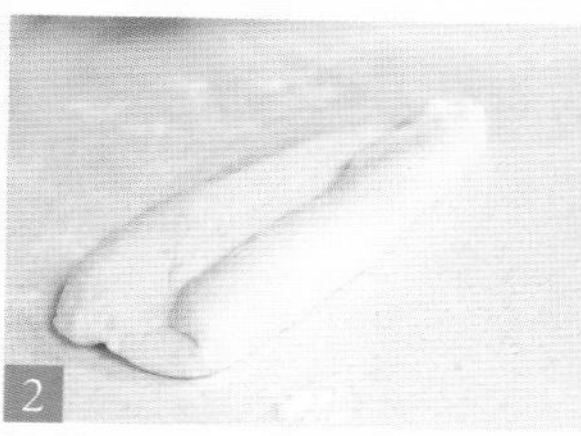
2

3

一点甜一点咸
墨鱼面包

人份 👤👤👤👤

黝黑的外表，在形形色色的面包里格外引人注目，顶上肉松与沙拉酱，平添了一份可爱。没有想象中的苦涩，倒是意料之外的好味道。

材料 *Material*

奶粉 /8 克
改良剂 /1 克
蛋白 /12 克
酵母 /2 克
高筋面粉 /100 克
水 /44 毫升
食用竹炭粉 /4 克
细砂糖 /24 克
盐 /2 克
黄油 /16 克
沙拉酱、肉松 / 各适量

工具 *Tool*

刮板
玻璃碗
擀面杖
刷子
烤箱

制作 *Make*

1 将改良剂、奶粉、酵母、食用竹炭粉放入装有高筋面粉的玻璃碗中。
2 将混合后的面粉倒在案台上，用刮板开窝，加入水、细砂糖、蛋白、盐，搅匀。
3 加入黄油，揉搓成光滑的面团，并分切成 4 等份，搓成球状。
4 将面团擀成面皮，卷成橄榄形，制成生坯，放入烤盘，在常温下发酵 90 分钟。
5 把生坯放入预热好的烤箱里，上下火 190℃，烤 15 分钟至熟。
6 取出烤好的面包，刷上一层沙拉酱，再粘上适量肉松，即成墨鱼面包。

不可错过的 芝士手撕包

人份

早餐不愿将就，让芝士手撕面包来丰富你的早餐吧，方便携带再加上浓郁的芝士香味，让你的早餐变得不一般。

材料 Material

高筋面粉 /500 克
白糖 /80 克
鸡蛋 /2 个
牛奶 /210 毫升
酵母 /5 克
黄油 /50 克
片状黄油 /200 克
盐 /4 克
奶粉 /23 克
奶酪 /130 克

工具 Tool

保鲜袋
擀面杖
冰箱
刀
模具
烤箱

制作 Make

1 将自然软化后的黄油放入保鲜袋中压成片状，放冰箱冷藏，将剩余的除黄油外的所有材料混合均匀。
2 加入黄油，揉成可拉出薄膜的面团，压扁，放入冰箱冻 30 分钟后取出，擀成约为片状黄油 2 倍大的长方形。
3 将片状黄油放在面团中间，面团两边向内折，捏紧接缝处，再把面团顺着折叠的方向擀长，反复折、擀长，反复三四次后将面团冷冻 30 分钟。
4 取出冷冻的面团擀至约 1.5 厘米的厚度，用刀切成长条。
5 每 4 条为一组，编成辫子，将编好的几组小辫子连接起来，放入模具中，盖上盖子，在 28℃左右的环境中进行发酵，发酵到八分满时，加盖，将模具放入烤盘中。
6 送入预热好的烤箱里，上、下火 180℃，烤 25 分钟，出炉后立即脱模，侧面朝上，放烤网上放凉，以免中间塌陷，放凉后可切片食用。

停不住口的香脆

麦穗面包

人份 👤👤👤

扫一扫二维码
看视频同步做美食

麦穗面包在法国家喻户晓，是法国的经典面包之一。因为剪开后的形状像麦穗，就有了现在这个名字。它的特点是口感香脆，越嚼越香。

材料 *Material*

高筋面粉 /180 克
盐 /3.5 克
酵母 /2 克
水 /115 毫升
萨拉米肠 /2 根

工具 *Tool*

烤箱
保鲜膜
刀
电子秤
刮板

制作 *Make*

1 将高筋面粉倒在案台上，开窝。

2 加入部分水，在水中倒入酵母，待酵母溶化后，再加入剩余清水一起揉面（图 1、图 2）。

3 揉 2 ~ 3 分钟后再加入盐，再次揉面，揉至能拉出一层薄膜，手指压下去不完全透明。

4 面团分割成 120 克 / 个的小面团，将小面团拍打压扁，卷起来放入烤盘中，盖上保鲜膜，放置一旁松弛 30 分钟。

5 将萨拉米肠对半切开，取出松弛好的面团，压扁，卷入萨拉米肠，用刀在面团上左右交替切开但不切断，切出麦穗形状（图 3）。

6 将面团放入烤盘，送进预热好的烤箱中（图 4），以上、下火 205℃的温度，烤 10 分钟，根据上色情况烘烤时间可延长 5 ~ 10 分钟。

关键步骤 *Committed step*

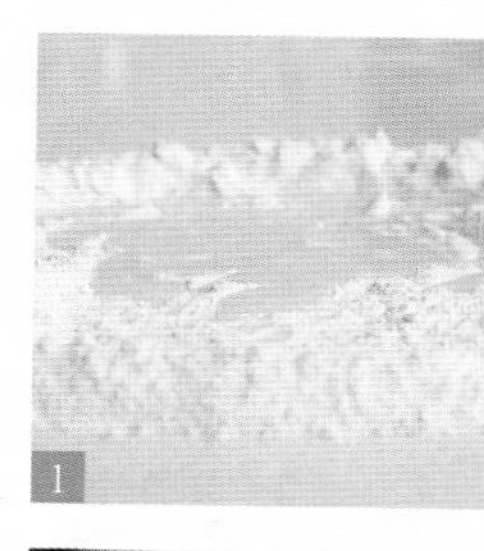
1

2

3

4

简单健康
全麦面包

人份

全麦面包是指用没有去掉外面麸皮和麦胚的全麦面粉制作的面包，它的营养价值比白面包高，是很多减肥中女性的选择。

扫一扫二维码
看视频同步做美食

材料 *Material*

高筋面粉 /210 克
全麦面粉 /90 克
干酵母 /2.5 克
盐 /5 克
水 /210 毫升

工具 *Tool*

烤箱
刀片
刮板
电子秤
保鲜膜

制作 *Make*

1 将全麦面粉倒入高筋面粉中，加入酵母拌匀，倒在案台上，开窝。
2 分次加入水揉成面团，再揉 2 ~ 3 分钟，加入盐继续揉，揉至能拉出一层薄膜，手指压下去不完全透明，盖上保鲜膜放置一旁松弛片刻（图 1）。
3 取出松弛好的面团，将面团分割成 235 克 / 个的小面团，整形成三角形。
4 将面团放置常温下发酵至原来面团的 2 倍大小（图 2），每隔一段时间需在面团上喷一次水。
5 取出发酵好的面团，撒上面粉，并用刀片在面团上割开几道口子。
6 将面包生坯放入预热好的烤箱中（图 3），上火 215℃，下火 175℃，烤 15 分钟左右。

关键步骤 *Committed step*

1

2

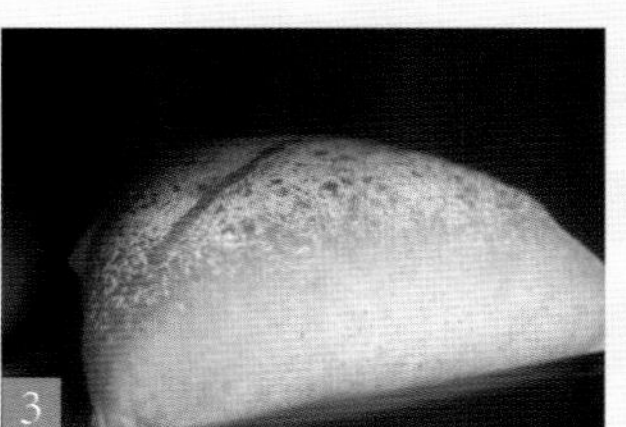
3

超甜面包“卷”出来

豆沙卷面包

人份

材料 *Material*

高筋面粉 /250 克
干酵母 /2 克
黄油 /30 克
鸡蛋 /30 克
盐 /3 克
细砂糖 /100 克
牛奶 /15 毫升
水 /120 毫升
全蛋液 / 适量
红豆沙 /125 克

工具 *Tool*

烤箱
面包机
刷子
擀面杖
刀
电子秤

制作 *Make*

1 面包机中依次放入水、牛奶、鸡蛋、细砂糖、高筋面粉、干酵母、盐、黄油，按下启动键进行和面。
2 将发酵好的面团分成重约 60 克的小面团，按扁，包入红豆沙（图 1）。
3 把包好红豆沙的面团用擀面杖擀成长椭圆形。
4 在面饼表面斜切数刀排气，头尾不要切断。
5 将面团从上往下卷起来，卷成一长条形状，两头捏住制成圆圈。
6 把面包卷放在烤盘上，移入烤箱中发酵 1 ~ 2 小时。
7 在发酵好的面团表面轻轻刷上一层全蛋液（图 2），放入预热好的烤箱，上火 170℃，下火 160℃，烤 10 ~ 12 分钟即可。

关键步骤 *Committed step*

1

2

扫一扫二维码
看视频同步做美食

制作笔记 *Notes*

打个结卷出来的豆沙卷面包，有着大理石一样的美丽花纹。浓密的豆沙馅裸露在外，散发出阵阵香甜。

香浓诱人的甜点

沙兰乳酪面包

人份 👤👤

满满的乳酪，略微焦黄的表面，勾得人食指大动。

扫一扫二维码
看视频同步做美食

材料 Material

面团

高筋面粉 /400 克
酵母 /8 克
细砂糖 /100 克
鸡蛋 /100 克
盐 /3 克
水 /120 毫升
黄油 /130 克

馅料

奶油芝士 /125 克
细砂糖 /60 克
淡奶油 /20 毫升

其他

芝士片 /40 克
蛋液 / 适量
糖粉 / 适量

工具 Tool

面包机，烤箱，电子秤，刮板，玻璃碗，刷子，勺子，面粉筛，模具

制作 Make

1 面团制作：把高筋面粉、酵母、细砂糖、鸡蛋、盐、水和黄油倒进面包机中拌匀。

2 把奶油芝士、细砂糖和淡奶油倒入玻璃碗， 搅拌均匀，制成芝士馅。

3 用刮板将制好的面团分割成每份约 70 克的小份，整形搓成圆形。

4 将面团压成面饼，用勺子把芝士馅裹进面团中（图 1）。

5 将裹好馅料的面团并排放进抹了黄油的模具中（图 2），然后放入烤箱发酵约 40 分钟。

6 取出发酵好的面团，刷上蛋液，盖上芝士片，再筛上糖粉（图 3）。

7 放入烤箱，上火 190℃，下火 170℃，烘烤约 15 分钟，取出烤好的面包装盘即可。

关键步骤 Committed step

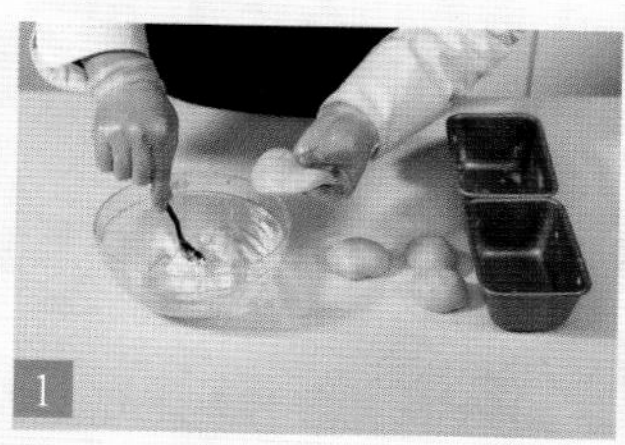
1

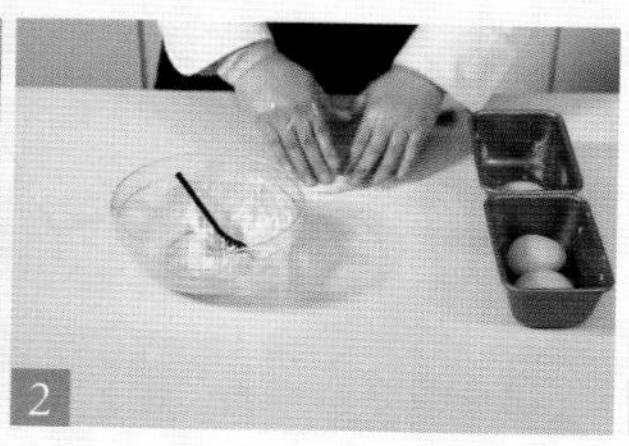
2

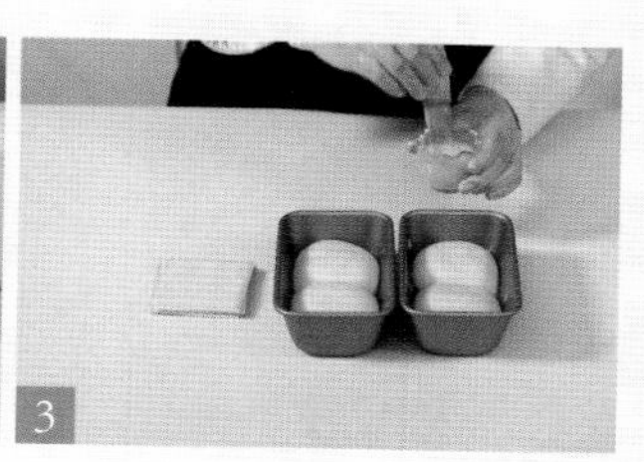
3

还是那抹紫

法式紫薯包

人份 👤👤

扫一扫二维码
看视频同步做美食

美食就是狂风暴雨后的彩虹，总是会给蔚蓝的天空描绘出一抹绚丽。法式紫薯面包，柔软的奶香面包里带着那抹紫，绚丽的紫，带来了全新的视觉体验。这款面包有散发不完的魅力，阻挡不了的美味。

材料 *Material*

高筋面粉 /95 克
盐 /2 克
酵母 /1.5 克
水 /60 毫升
紫薯泥 /80 克
黄油 / 少许

工具 *Tool*

烤箱
保鲜膜
模具
刷子
刀片
刮板
电子秤

制作 *Make*

1 将高筋面粉倒在案台上，加入酵母拌匀，开窝。

2 分次加入水揉成面团，再揉 2 ～ 3 分钟，加入盐继续揉，揉至能拉出一层薄膜，手指压下去不完全透明。

3 将面团分割成 60 克 / 个的小面团，将小面团揉圆放入烤盘中，盖上保鲜膜，放置一旁松弛半个小时（图 1）。

4 取出松弛好的面团，包入紫薯泥（图 2），放入刷过黄油的模具中。

5 用刀片在面包顶部划一个十字形，放置一旁发酵半个小时（图 3）。

6 将模具放入预热好的烤箱中（图 4），上火 230℃，下火 210℃，烤 12 分钟。

关键步骤 *Committed step*

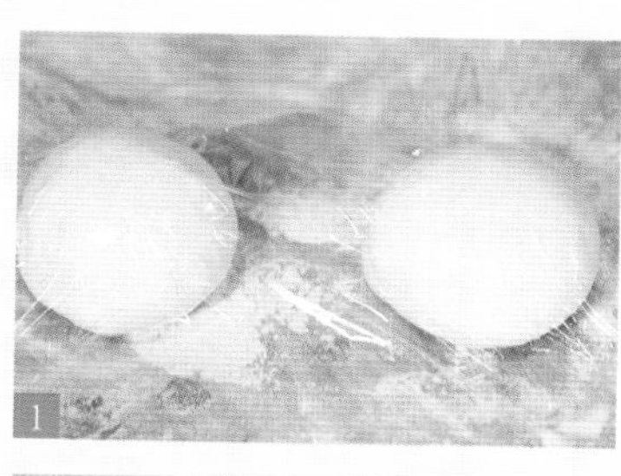

1

2

3

4

Part 3

香滑蛋糕轻松做

蛋糕能够做出各种形状，各种口味。一个外形美观、口味丰富的蛋糕能够体现烘焙者的生活情趣，如果你是一个热爱生活、有高雅情趣的人，那么蛋糕烘焙就是你的舞台。

唯有美味不可辜负

草莓酱蛋糕卷

人份 👤👤👤

材料 Material

蛋黄 /45 克
蛋清 /150 毫升
糖 /55 克
低筋面粉 /65 克
无味植物油 /32 毫升
水 /48 毫升
草莓酱 /75 克
植物奶油 / 适量
草莓 / 适量

工具 Tool

玻璃碗
面粉筛
油纸
烤箱
裱花嘴
裱花袋
电动打蛋器
橡皮刮刀
冰箱
打蛋器

扫一扫二维码
看视频同步做美食

制作 Make

1 蛋黄加 25 克糖打散拌匀，分多次加入植物油，打至糖溶化，蛋液发白（图 1）。
2 将过筛后的低筋面粉加入蛋黄糊里，翻拌成面糊，加入水慢慢翻拌，直到两者混合均匀。
3 蛋清倒入玻璃碗中，加入 30 克糖打发，制成蛋白霜。
4 将 1/3 蛋白霜倒入蛋黄糊，切拌均匀，然后将蛋黄糊与蛋白霜混合液倒入蛋白霜碗中，切拌均匀。
5 把面糊倒入铺有油纸的烤盘中，震平面糊，放入预热好的烤箱，上火 170℃，下火 150℃，烤 18 分钟。
6 烤好后取出蛋糕片，将其放凉至不烫手，抹上打散的草莓酱（图 2），卷起，再用油纸包好，放入冰箱冷藏 30 分钟定形。
7 将植物奶油打发至顺滑，装入套有裱花嘴的裱花袋中。
8 取出冷藏好的蛋糕卷，撕去油纸，在蛋糕卷表面挤上植物奶油，摆上草莓进行装饰即可。

关键步骤 Committed step

1

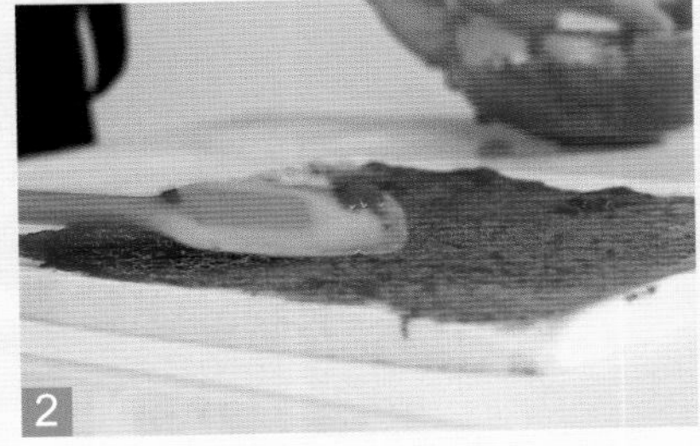

2

卷蛋糕的时候可以借助擀面杖，将擀面杖放在蛋糕一端的油纸下，慢慢卷向另一端，再抽出擀面杖即可。

also calls
ship's

炎热夏日里的透心凉

牛奶慕斯蛋糕

人份 4

雪白如玉，清淡爽口，入口先是一阵松软，
然后又是奶香，在炎热的夏日吃上一勺，
犹如冰激凌般的透心凉。

扫一扫二维码
看视频同步做美食

材料 Material

牛奶 /150 毫升
细砂糖 /25 克
淡奶油 /200 毫升
吉利丁片 /8 克
消化饼干 /80 克
黄油 /30 克
芒果丁 / 少许

工具 Tool

保鲜膜
慕斯圈
保鲜袋
不锈钢盆
擀面杖
玻璃碗
电动打蛋器
冰箱

制作 Make

1 吉利丁片提前用清水泡软，用保鲜膜覆盖住慕斯圈的一面作为底部。

2 将消化饼干装入保鲜袋，用擀面杖压碎（图 1），装入碗中，加入黄油拌匀，倒入模具底部压实制成慕斯底。

3 将牛奶和细砂糖倒入不锈钢盆中加热溶化，加热至 50℃左右，放入泡软的吉利丁片拌匀，再放置一旁放凉。

4 淡奶油倒入玻璃碗中，用电动打蛋器打发至六分发，加入牛奶液（图 2），不规则拌匀至顺滑无颗粒，制成慕斯液，放入冰箱冷藏 30 分钟左右。

5 取出冷藏好的慕斯底，倒入部分慕斯液，加入芒果丁（图 3）。

6 再将剩下的慕斯液装入裱花袋，挤入慕斯圈中，轻震几下，放入冰箱冷藏 4 小时以上。

7 取出冷藏好的慕斯蛋糕脱模即可。

关键步骤 Committed step

1

2

3

奶香与水果的绝配

水果蛋糕

人份 ▲▲▲▲▲▲

浓浓的奶香味与清新甜蜜的水果搭配出来的浓郁甜美气息，蕴藏着甜蜜浪漫的温馨情怀，绝对是蛋糕里的小清新，满足你的独特口味。

材料 Material

鸡蛋 /5 个
砂糖 /140 克
玉米油 /50 毫升
牛奶 /65 毫升
低筋面粉 /105 克
柠檬汁 /3 滴
淡奶油 /500 毫升
白巧克力碎 / 适量
蓝莓 / 适量
草莓 / 适量

工具 Tool

面粉筛
电动打蛋器
手动打蛋器
模具
油纸
烤箱
裱花袋
裱花嘴
橡皮刮刀

制作 Make

1 蛋黄、蛋白分开，分别放进无水无油的盆里。
2 蛋黄加 25 克糖搅拌均匀，加玉米油，打均匀。
3 倒入牛奶拌匀，加入过筛后的低筋面粉拌匀成面糊。
4 蛋白滴几滴柠檬汁去腥，分 3 次加入 65 克糖，低速转盆打发至提起打蛋器呈短尖角状。
5 取 1/3 蛋白霜加入蛋黄糊里，切拌均匀，再取一些再切拌均匀后，把面糊全部倒回蛋白里，翻拌均匀。
6 将面糊倒进八寸蛋糕模里，轻震几下震出气泡，送进预热好的烤箱中，上火 160℃，下火 140℃，烤 40 分钟。
7 剩余 50 克糖倒入淡奶油中打发至硬性发泡，装进套有裱花嘴的裱花袋中，在蛋糕体表面挤一圈奶油，铺上白巧克力碎，再摆上草莓和蓝莓进行装饰即可。

制作笔记 Notes

根据上色情况，烘烤时间可延长 5 ~ 10 分钟。烤好后出炉，震一下，将模具倒扣，放凉后脱模。

细腻松软的美味

黄金海绵蛋糕

人份

做法类似戚风却叫海绵蛋糕，是细腻松软的一种蛋糕，拿一块入口，细细软软，瞬间就能捕捉到朴素中的华丽。

扫一扫二维码
看视频同步做美食

材料 Material

鸡蛋 /4 个
白糖 /100 克
低筋面粉 /65 克
黄油 /35 克
牛奶 /35 毫升
温水 / 适量

工具 Tool

玻璃碗
电动打蛋器
模具
打蛋器
烤箱
橡皮刮刀

制作 Make

1 黄油加入玻璃碗中隔水加热，倒入牛奶搅拌均匀，制成牛奶液备用。

2 将鸡蛋倒入玻璃碗中，隔水加热，加入白糖搅拌均匀，边搅拌边加热至 40℃左右。

3 把搅拌好的鸡蛋液用打蛋器打发至画 8 字不易消失为止。

4 蛋液中分 3 次加入低筋面粉拌匀，再加入牛奶液拌匀，倒入模具内，轻震几下，排出气泡。

5 将模具放在烤盘上，放入预热好的烤箱中，上火 170℃，下火 160℃，烤 30 分钟即可。

制作笔记 Notes

蛋糕烤好后，可先取出在桌面震一下，倒扣在烤网上放凉后再脱模。

卷出一个春天

抹茶草莓蛋糕卷

人份

喜欢抹茶卷的烘焙控们心中暗藏着一种对抹茶的深深情怀，爱它的微微清苦，爱它的淡淡茶香。

扫一扫二维码
看视频同步做美食

材料 Material

蛋糕卷

蛋黄液 /45 克
白糖 /70 克
牛奶 /60 毫升
色拉油 /40 毫升
低筋面粉 /60 克
抹茶粉 /8 克

夹馅

蛋清 /150 毫升
淡奶油 /250 毫升
白糖 /25 克
草莓 / 适量
蓝莓 / 数颗

工具 Tool

打蛋器
玻璃碗
刮刀
电动打蛋器
油纸
面粉筛
刀
烤箱
冰箱

制作 Make

1 将10克糖加入蛋黄中搅匀，分4次倒入色拉油，充分拌匀（图1），接着加入抹茶粉拌匀，再加入牛奶拌匀。

2 将过筛后的低筋面粉加入蛋黄液中，用刮刀拌匀至看不到面粉。

3 蛋清倒入碗提起打蛋器中用电动打蛋器打发，分多次加入60克白糖打发至七成，提起打蛋器有弯弯的小勾即可。

4 取1/3的蛋白霜放入蛋黄糊中翻拌均匀，再倒回剩下的蛋白霜中，继续翻拌均匀（图2）。

5 把面糊倒入垫有油纸的烤盘中，抹平，震出气泡。

6 将烤盘放入预热好的烤箱中，上火170℃，下火150℃，烘烤约15分钟。

7 蛋糕出炉后倒扣，撕去油纸，晾至不烫手。

8 将淡奶油和白糖放入碗中，打发至打蛋器提起可拉出尖角。

9 蛋糕片正面朝上，涂抹一层奶油后摆上草莓和蓝莓，轻轻卷起后用油纸包好（图3），放入冰箱冷藏半小时以上。

10 将冷藏好的蛋糕卷取出，用刀具将蛋糕卷切成小段即可。

关键步骤 Committed step

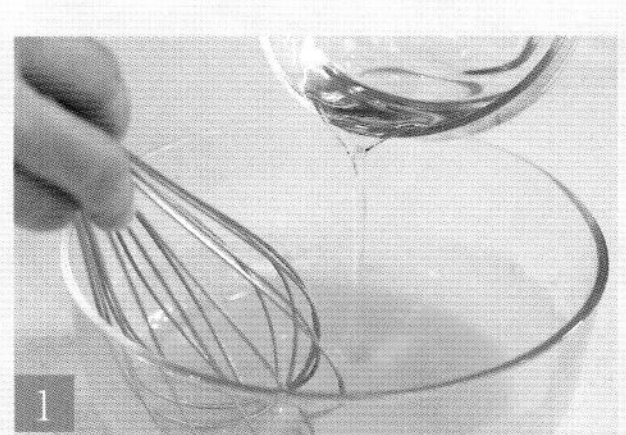

1

2

3

美食中的艺术

树桩蛋糕

人份

扫一扫二维码
看视频同步做美食

树桩蛋糕起源于德国，是一种做成树桩模样的蛋糕。以前手工制作树桩蛋糕时要将面团绕着木棒卷起来，现在有了液体的奶油，在家就可轻松完成。树桩蛋糕的造型独特，口感松软甜蜜，配上一杯香浓的咖啡，真是给人不可多得的享受。

材料 *Material*

可可蛋糕坯

蛋黄 /45 克
蛋清 /150 毫升
白糖 /55 克
植物油 /40 毫升
低筋面粉 /50 克
温水 /70 毫升
可可粉 /20 克

可可奶油内陷

淡奶油 /250 毫升
可可粉 /10 克
糖 /10 克

巧克力奶油抹面

黑巧克力 /50 克
淡奶油 /50 毫升

工具 *Tool*

烘焙纸
玻璃碗
打蛋器
电动打蛋器
烤箱
冰箱
刮刀

制作 *Make*

1 蛋黄倒入大碗中，加入15克白糖用打蛋器打散至糖溶化（图1）。
2 将20克可可粉倒入温水中用打蛋器拌匀，倒入蛋黄糊中拌匀，倒入低筋面粉拌匀，制成可可面糊。
3 蛋清中加入40克白糖，用电动打蛋器打发至湿性发泡，取出1/3加入可可面糊中拌匀后倒回蛋白糊碗中，拌匀。
4 混合均匀后的面糊倒入垫有烘焙纸的方形烤盘中，刮平整后轻震两下排出气泡，放入预热好的烤箱中（图2），上火170℃，下火150℃，烘烤15～20分钟，烘烤完成后取出倒扣，放凉后撕去烘焙纸。
5 250毫升淡奶油中加入10克可可粉和10克白糖，打发至硬性发泡，即不流动的硬挺状，制成奶油馅。
6 晾凉的蛋糕背面朝上，均匀地抹上部分奶油馅抹平，在一端放上剩下的奶油馅，使其鼓起来（图3）。
7 用烘焙纸将蛋糕卷起来包好，放入冰箱冷藏2～3小时。
8 将50克巧克力隔水加热至巧克力完全熔化，再和50毫升淡奶油搅拌均匀，制成巧克力奶油糊。
9 冷藏定形后的蛋糕卷外侧抹上巧克力奶油糊，完全冷却即可（图4）。

关键步骤 *Committed step*

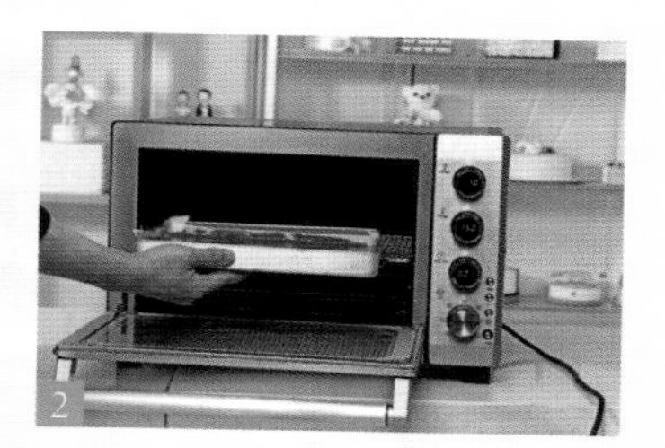

前所未有的满足感

蜂蜜海绵蛋糕

人份 2

睡眼惺忪的清晨，慵倦的午后，短短时间，便可轻松享受这甜蜜的松软美食。

材料 *Material*

鸡蛋 /5 个
高筋面粉 /125 克
蛋黄 /40 克
细砂糖 /140 克
盐 /2 克
蜂蜜 /40 克
水 /50 毫升

工具 *Tool*

玻璃碗
电动打蛋器
打蛋器
长柄刮板
蛋糕刀
烤箱
烘焙纸

制作 *Make*

1 将水、细砂糖倒入玻璃碗中，用打蛋器拌匀。
2 加入盐、蛋黄、鸡蛋，用电动打蛋器打发至起泡，倒入高筋面粉、蜂蜜搅拌匀。
3 在烤盘上铺一张烘焙纸，倒入拌好的材料，用长柄刮板抹匀，放入烤箱，上、下火各170℃，烤 20 分钟。
4 取出烤盘，在案台上铺一张烘焙纸，将烤盘倒扣在烘焙纸一端，撕去粘在蛋糕底部的烘焙纸。
5 把烘焙纸另一端盖住蛋糕，将其翻面，用蛋糕刀将蛋糕两端切整齐，再切小方块，装盘即可。

制作笔记 *Notes*

烤制前轻摔烤盘去除气泡，可使做出的蛋糕外观更平整。

浓浓香醇

馥郁布朗尼

人份

馥郁布朗尼，浓郁的巧克力香味，配上香脆的核桃仁，每一口都那么满足，比布朗尼拥有更加香醇的味道。

材料 *Material*

巧克力片 /70 克
黄油 /50 克
鸡蛋 /50 克
细砂糖 /35 克
香草精 /2.5 毫升
高筋面粉 /30 克
核桃仁 /25 克

工具 *Tool*

玻璃碗
连体模具
裱花袋
刷子
橡皮刮刀
打蛋器
烤箱

制作 *Make*

1 将黑巧克力和黄油分别隔水加热并不断搅拌，直到完全溶化成液体后把两者混合均匀。

2 加入细砂糖并搅拌均匀，分次加入打散的鸡蛋，用打蛋器搅拌均匀，再加入香草精搅拌均匀。

3 加入高筋面粉，搅拌成面糊，倒入切碎的核桃仁，并搅拌均匀。

4 将软化的黄油刷在连体模具上，把面糊装入裱花器，挤入模具中，约八成满。

5 放入预热好的烤箱中，上火 180℃，下火 160℃，烤 15 ~ 20 分钟。

扫一扫二维码
看视频同步做美食

酸甜可口的

酸奶冻芝士蛋糕

人份

材料 Material

奶油奶酪 /200 克
酸奶 /180 毫升
奥利奥饼干 /100 克
（去奶油夹心）
淡奶油 /100 毫升
牛奶 /50 毫升
白糖 /50 克
黄油 /40 克
吉利丁片 /10 克
蛋黄 /1 个
柠檬汁 /15 毫升
朗姆酒 /10 毫升

工具 Tool

擀面杖
保鲜袋
橡皮刮刀
慕斯圈
保鲜膜
平底纸盘
平底片
打蛋器
玻璃碗
冰箱

扫一扫二维码
看视频同步做美食

制作 Make

1 吉利丁片提前用冷水泡软。将饼干倒入保鲜袋中，用擀面杖碾成粉末状后，倒入玻璃碗中。

2 饼干碎加入隔水融化后的黄油，混合均匀后，压入慕斯圈中，用平底片压实，冷藏备用。

3 奶油奶酪用刮刀压平后，隔水溶化，用打蛋器打散后加糖搅拌至顺滑。

4 蛋黄搅散，加入奶油奶酪中拌匀，加入朗姆酒、柠檬汁搅匀，加入酸奶搅匀成芝士糊。

5 牛奶倒入淡奶油中，隔水加热 1 分钟后，加入软化沥干水的吉利丁片搅化，分 3 次倒入芝士糊中，边倒边搅匀（图 1）。

6 取出冷藏好的饼底，倒入混合好的芝士糊，轻震几下排除气泡，盖上保鲜膜，放入冰箱冷藏 4 小时以上，待芝士糊凝结，取出脱模（图 2）。

7 将慕斯切成小方块，用水果进行装饰即可。

关键步骤 Committed step

1

2

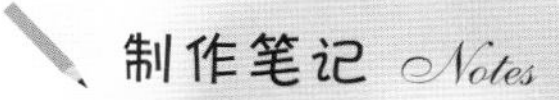

制作笔记 *Notes*

吉利丁片一定要提前用冷水泡软，制作过程中需将其彻底搅拌溶化，以免残留小块，影响口感。

重口味的蛋糕

榴莲芝士慕斯

人份

榴莲与芝士的相遇，让人又爱又恨，浓郁的榴莲味加上足够多的芝士，那份滋味，闭上眼睛，好好享受吧！

扫一扫二维码
看视频同步做美食

材料 Material

饼底

奥利奥饼干 /60 克（去奶油夹心）
无盐黄油 /23 克

榴莲芝士糊

奶油奶酪 /130 克
椰浆 /40 毫升
榴莲果肉 /180 克
鲜奶油 /130 毫升
细砂糖 /40 克
吉利丁片 /5 克

工具 Tool

擀面杖
保鲜袋
料理机
橡皮刮刀
慕斯圈
保鲜膜
平底纸盘
平底片
打蛋器
玻璃碗

制作 Make

1 吉利丁片提前用冷水泡软。

2 将饼干倒入保鲜袋中，用擀面杖碾成粉末状后，倒入玻璃碗。

3 加入隔水融化后的黄油，混合均匀后，压入慕斯圈，用平底片压实，冷藏备用（图 1）。

4 奶油奶酪用刮刀压平后，隔水溶化，用打蛋器打散后加糖搅拌至顺滑。

5 榴莲肉用料理机打成果泥（图 2）。

6 将泡软的吉利丁片加入椰浆中，小火加热至吉利丁片完全溶化后，分多次倒入奶油奶酪中拌匀，前两次以少量为主，拌至顺滑。

7 拌匀后的液体取少量加入榴莲中稍加拌匀，再倒回液体碗中拌匀，制成榴莲芝士糊。

8 鲜奶油打至六分发，浓稠状，将榴莲芝士糊倒入鲜奶油中混合（图 3），拌均匀，制成慕斯液。

9 将慕斯液倒在饼底上，刮平表面，放入冰箱冷藏至凝固，用水果装饰即可。

关键步骤 Committed step

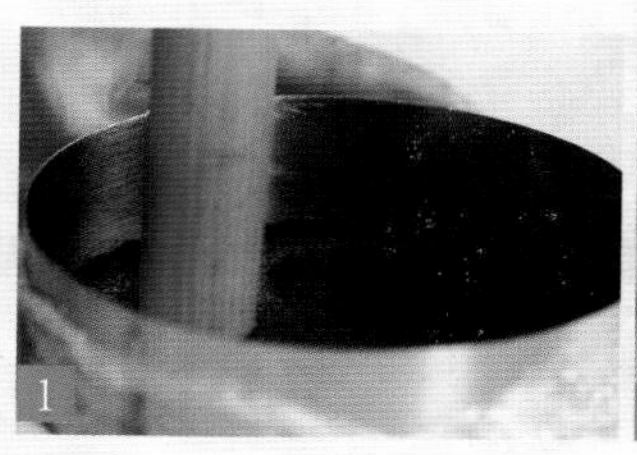

1

2

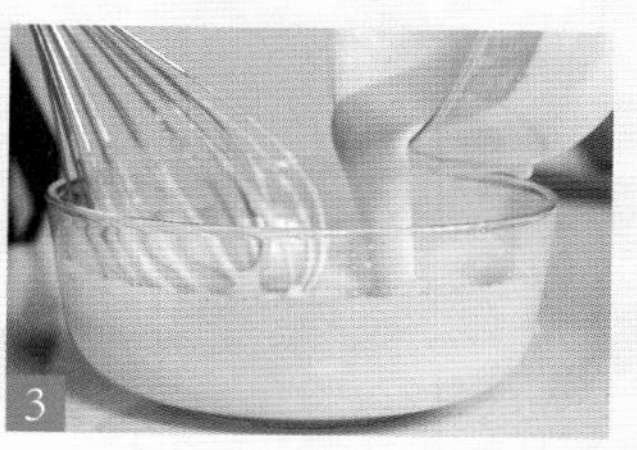

3

难以忘怀的榴莲香味

重口味榴莲千层

人份 👤👤👤👤

奶香里轻轻地裹上榴莲香味，使之绝佳地融合，独特创新的想法，别具一番风味，给你难以忘怀的味觉体验。

材料 Material

牛奶 /360 毫升
鲜奶油 /700 毫升
鸡蛋 /75 克
糖粉 /60 克
低筋面粉 /120 克
榴莲肉 /500 克
黄油 /22 克

工具 Tool

打蛋器
面粉筛
平底锅
冰箱
橡皮刮刀
玻璃碗
铲子
刀

制作 Make

1 鸡蛋打入碗里打散，加入糖粉搅打均匀，倒入牛奶拌匀，筛入低筋面粉，慢慢地搅拌均匀，制成稀面糊。

2 将黄油隔水加热溶化成液态后，倒入面糊里，搅拌均匀，将面糊过筛后，放入冰箱冷藏静置半个小时。

3 平底锅涂上薄薄的一层油，用小火加热，倒入两大勺约 50 毫升的面糊，摊成圆形，小火慢慢地煎到面糊凝固，用铲子能轻易铲起即可，重复操作至面糊用完。

4 将鲜奶油打发至可以裱花状态，取摊好晾凉的饼坯，先抹上奶油，摆上榴莲肉，再次抹上奶油，摆上榴莲、抹奶油、放饼坯，重复这个步骤直到用完所有饼坯。

5 用刀将制作好的千层切成小块即可。

制作笔记 Notes

煎面皮容易粘锅，除了用防粘的不粘锅，火候和手法也很重要，需要多加练习。

法式甜点

焦糖慕斯

人份 👤👤

浓郁的焦糖，香甜的奶香，一种来自焦糖的最原始的蜜甜，冷藏之后的味道会更加鲜美。

材料 *Material*

慕斯底

牛奶 /70 毫升

淡奶油 /250 毫升

黑、白巧克力 /100 克

吉利丁片 /5 克

朗姆酒 /5 毫升

慕斯淋面

牛奶 /90 毫升

牛奶巧克力 /150 克

果胶 /75 克

淡奶油 /70 毫升

细砂糖 /10 克

吉利丁片 /5 克

工具 *Tool*

锅

勺子

长柄刮板

电动打蛋器

烘焙纸

裱花袋

模具

网架

蛋糕底托

玻璃碗

冰箱

制作 *Make*

1 慕斯淋面制作：把细砂糖加热熬成焦糖，加入牛奶、果胶和淡奶油拌匀，加入用冷水软化的吉利丁片继续搅拌，充分混合后关火，加入牛奶巧克力继续搅拌，直至巧克力充分溶化。

2 慕斯底制作：把牛奶和软化的吉利丁片隔水加热搅拌均匀，继续加入黑、白巧克力搅拌，直至完全溶化，把淡奶油用电动打蛋器打发至六成，倒入搅拌好的牛奶巧克力酱翻拌均匀，最后加入朗姆酒，搅拌匀。

3 把慕斯底装入裱花袋，挤进模具里约九分满，轻震几下排出气泡，放入冰箱冷藏 3 小时以上。

4 巧克力酱用裱花袋挤在平铺的烘焙纸上，用勺子压出形状，冷藏凝固后制成巧克力片。把冷冻好的慕斯放在网架上，淋上慕斯淋面后，在慕斯表面挤上白巧克力酱进行装饰。

5 把装饰好的慕斯放在蛋糕底托上，用巧克力片点缀即可。

有种蛋糕很奇特

蜂巢蛋糕

人份 3人

材料 *Material*

鸡蛋 /100 克
植物油 /75 毫升
炼乳 /225 毫升
低筋面粉 /125 克
小苏打 /7 克
蜂蜜 /15 克
水 /250 毫升
细砂糖 /225 克
黄油 / 少许

工具 *Tool*

烤箱
模具
玻璃碗
橡皮刮刀
量杯
刷子

制作 *Make*

1 鸡蛋倒入大碗中，加入糖快速打散，加入炼乳、蜂蜜、植物油快速拌匀。
2 加入水拌匀后，再加入低筋面粉、小苏打拌匀，制成面糊（图 1），静置 1 个小时。
3 静置后的面糊倒入量杯中，在模具内部刷一层黄油，放在烤盘上，倒入制作好的面糊，约六七分满（图 2）。
4 将模具放入预热好的烤箱中，上火 170℃、下火 130℃，烤 40 分钟即可。

关键步骤 *Committed step*

1

2

扫一扫二维码
看视频同步做美食

制作笔记 *Notes*

材料中可加入 10 克奶粉，与低筋面粉一起加入拌匀，口感更好。

HAPPY BIRTHDAY!

最柔软的戚风

北海道戚风蛋糕

人份

北海道戚风蛋糕，吃过的人，几乎是众口一致的给出好评，这是一款能把戚风柔软的特点发挥到极致的蛋糕。

扫一扫二维码
看视频同步做美食

材料 *Material*

主料

蛋清 /80 毫升
白糖 /45 克
水 /30 毫升
奶粉 /1 克
色拉油 /18 毫升
泡打粉 /0.3 克
蛋黄 /45 克
低筋面粉 /30 克

辅料

牛奶 /100 毫升
砂糖 /25 克
蛋黄 /15 克
玉米淀粉 /5 克
低筋面粉 /5 克
淡奶油 /50 毫升

工具 *Tool*

玻璃碗
打蛋器
电动打蛋器
蛋糕纸杯
裱花袋
竹扦
冰箱
烤箱
奶锅

制作 *Make*

1 把色拉油倒入碗中，依次加入清水、低筋面粉、蛋黄、泡打粉和奶粉充分拌匀，制成蛋黄糊（图 1）。

2 蛋清液倒入碗中，用电动打蛋器打散，分次加入白糖打发至硬性发泡，制成蛋白霜（图 2）。

3 取 1/3 的蛋白霜加入蛋黄糊中，以不规则的搅拌方式拌匀后，倒回蛋白霜中继续拌匀。

4 将拌匀后的面糊装入裱花袋中，挤入蛋糕纸杯，约至七分满（图 3）。

5 把蛋糕纸杯放入烤盘，轻震几下，将烤盘放入预热好的烤箱中，上火 160℃，下火 140℃，烤 20 分钟。

6 将 15 克蛋黄倒入碗中打散至微微发白，加入 5 克低筋面粉稍加拌匀后，再加入玉米淀粉拌匀，制成蛋黄糊。

7 把奶锅置于炉上，倒入牛奶和砂糖煮沸，取 1/10 倒入蛋黄糊中，拌匀，再分多次倒入部分牛奶液拌匀，拌匀后的面糊倒回奶锅中，与剩下的牛奶液一起边加热边搅拌至浓稠，倒入碗中，放入冰箱冷藏放凉。

8 淡奶油倒入碗中，用电动打蛋器打发至五成发，取出冰箱里的面糊，倒入打发好的淡奶油中一起打发，制成内馅。

9 用小刀在烤好的蛋糕顶部切下一个圆片或者用竹扦在蛋糕中间戳一个小洞，将内馅装入裱花袋中，挤入蛋糕中即可。

关键步骤 *Committed step*

1

2

“虎皮”其实很简单

虎皮蛋糕卷

人份 👤👤👤👤

扫一扫二维码
看视频同步做美食

虎皮蛋糕，是戚风蛋糕的一种，外面一层黄色的薄层，香香软软，里面的蛋糕夹着甜甜的奶油，每咬一口都是惊喜。

材料 *Material*

蛋糕坯

蛋黄 /4 个
细砂糖 /60 克
牛奶 /50 毫升
玉米油 /30 毫升
低筋面粉 /70 克
蛋清 /150 毫升

虎皮

蛋黄 /6 个
玉米油 /37 毫升
细砂糖 /156 克
玉米淀粉 /37 克

内馅

淡奶油 /200 毫升
香草精 / 数滴

工具 *Tool*

玻璃碗
橡皮刮刀
电动打蛋器
打蛋器
烘焙纸
擀面杖
烤箱
冰箱
面粉筛

制作 *Make*

1 制作蛋糕坯：将牛奶、玉米油、20 克细砂糖用手动打蛋器搅拌至糖完全溶化，倒入蛋黄，用打蛋器搅拌均匀，加入过筛后的低筋面粉，拌均匀备用。

2 将蛋清倒入大碗中，加入 40 克细砂糖用电动打蛋器打发至湿性发泡，取少量蛋白霜加入到蛋黄糊中翻拌均匀，再倒回剩下的蛋白霜中，快速翻拌均匀。

3 把面糊倒入方形烤盘中，端起烤盘四处倾斜将面糊铺匀，再震几下去除气泡（图 1），放入预热好的烤箱中，上火 170℃，下火 160℃，烘烤约 15 分钟，至其表面金黄色后取出，放凉。

4 制作虎皮：蛋黄加入 140 克细砂糖隔热水打发至颜色变白，加入玉米淀粉拌匀后（图 2），分次加入玉米油继续用电动打蛋器打至顺滑。

5 倒入垫有油纸的烤盘中修平整，放入预热好的烤箱中，上火 230℃，下火 150℃，烘烤约 5 分钟，至虎皮状花纹颜色漂亮（图 3）。

6 制作内馅：将淡奶油加入 16 克细砂糖、香草精，打发至纹路清晰，硬性发泡，呈不流动状（图 4）。

7 取出放凉的蛋糕坯，倒扣脱模，将内馅均匀地抹在蛋糕坯上面，卷起来后用油纸固定，放入冰箱冷藏定形。

8 取出烤好的虎皮，倒扣脱模，抹少量奶油馅后把冷藏好的蛋糕卷放在上面，卷起，用油纸固定放入冰箱冷藏 30 分钟以上，稍硬后切片即可。

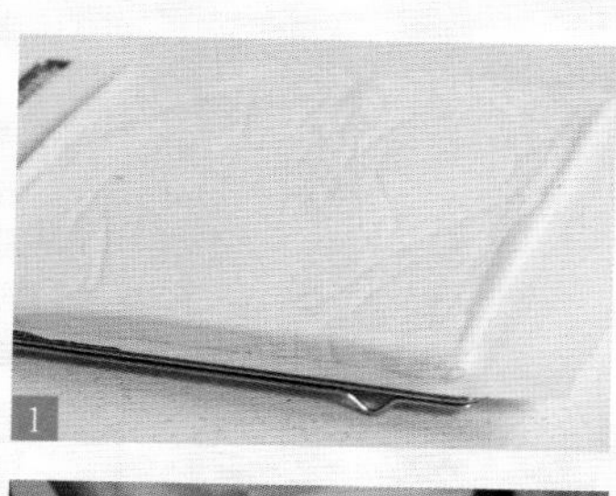

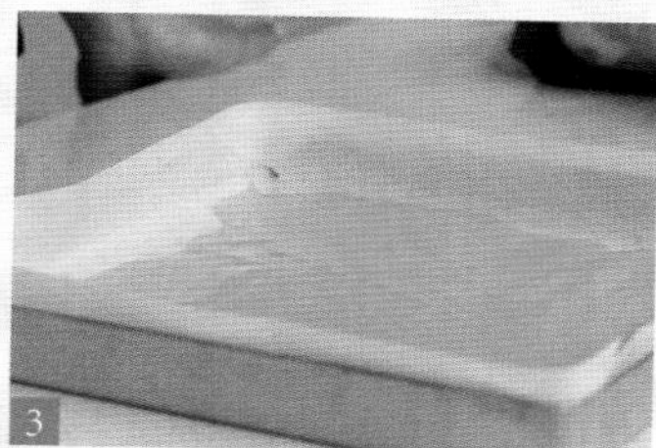

春天的色彩

斑斓切件

人份

香兰，又称为斑斓叶，在新加坡，斑斓叶通常被用来做鸡饭、糕点等，印尼人喜欢在白饭中加入一条斑斓以增加饭的香味，在蛋糕制作中加入斑斓精，也能充分感受到斑斓的香甜。

材料 *Material*

鸡蛋 /210 克
斑斓精 /3 毫升
砂糖 /40 克
柠檬汁 /3 毫升
玉米油 /40 毫升
淡奶油 /300 毫升
低筋面粉 /40 克
糖粉 /30 克
椰浆 /40 毫升
椰蓉 /15 克
巧克力碎 / 适量

工具 *Tool*

冰箱
面粉筛
电动打蛋器
圆形蛋糕模具
油纸
烤架
烤箱
刀
刮板

制作 *Make*

1 分离蛋黄、蛋白，蛋白中加入柠檬汁打至粗泡，分次加细砂糖打至湿性偏硬的状态，放入冰箱冷藏。

2 蛋黄中加入砂糖打至蛋黄发白、糖溶化，分别加入玉米油、椰浆拌匀，筛入低筋面粉，稍加搅拌后用电动打蛋器打匀，加入斑斓精拌匀。

3 取出蛋白抽打几下，变至顺滑的状态，取 1/3 蛋白加入蛋黄糊拌匀后，倒入剩余蛋白拌匀，倒入圆形模具中，震几下，用刮板刮平，放入预热好的烤箱，上下火 180℃，烤 18 分钟左右。

4 出炉后震一下，倒扣在垫了油纸的烤架上，脱模。

5 淡奶油中加入糖粉打发到奶油不流动、足够硬的状态，冷藏待用。

6 蛋糕晾凉后，用小刀去掉上色的表皮，将蛋糕横切成两片圆形蛋糕，在其中一片上面均匀抹上一层打发好的淡奶油，撒上椰蓉，再盖上另一片蛋糕。

7 将剩下的奶油均匀涂抹在蛋糕表面和侧面。

8 用刨刀刨适量巧克力碎，装饰表面，然后放入冰箱冷藏 6 小时以上即可。

制作笔记 *Notes*

时间和温度根据自己的烤箱调节，每个烤箱性能不一样。上色后注意观察，颜色合适了就可以取出来了。

一个很美丽的名字

红丝绒裸蛋糕

人份 👤👤👤👤👤👤

扫一扫二维码
看视频同步做美食

红丝绒裸蛋糕，一个很美丽的名字。事实上，无论是外表还是内在，它都会给你带来惊喜。

材料 *Material*

鸡蛋 /5 个
砂糖 /140 克
玉米油 /50 毫升
牛奶 /65 毫升
低筋面粉 /105 克
红曲粉 /15 克
柠檬汁 /3 滴
淡奶油 /500 毫升
芒果 / 适量
草莓 / 适量
糖粉 / 适量

工具 *Tool*

玻璃碗
面粉筛
电动打蛋器
裱花嘴
裱花袋
烤箱
橡皮刮刀
蛋糕模具

制作 *Make*

1 将蛋黄、蛋白分离，蛋黄放进无水无油的玻璃碗中，然后加 25 克糖搅拌均匀（图 1）。

2 加 50 毫升玉米油，打到油融入均匀，倒入牛奶，搅拌均匀，加入红曲粉拌匀后，加入过筛后的低筋面粉翻拌均匀，制成面糊（图 2）。

3 蛋白滴几滴柠檬汁去腥，分 3 次加入 65 克糖，低速转盆打发，打发到提起打蛋器，蛋白霜呈短尖角状（图 3）。

4 取 1/3 蛋白倒进面糊里，切拌均匀，把面糊全部倒回剩下的蛋白中，翻拌均匀。

5 将面糊倒进八寸蛋糕模里，端起来震几下，震出气泡。

6 将蛋糕生坯送进预热好的烤箱中下层，上火 160℃，下火 140℃，烤 40 分钟，根据上色情况，烘烤时间可延长 5 ~ 10 分钟。

7 蛋糕烤好后出炉，震一下，倒扣，放凉后脱模，将蛋糕切成多层圆片。

8 把 50 克砂糖倒入淡奶油中打发至硬性发泡，装进套有裱花嘴的裱花袋中。

9 取一片蛋糕，挤一圈奶油，铺一层芒果，再铺一片蛋糕，继续挤奶油，再铺一圈芒果，反复摆放直到蛋糕铺完（图 4）。

10 在最上层再次挤一圈奶油，草莓去蒂，摆在蛋糕最上层，撒上糖粉进行装饰即可。

关键步骤 *Committed step*

1

2

3

4

多层次的味觉体验

蓝莓苹果磅蛋糕

人份 4

浓浓的蛋糕香搭配层层脆甜可口的鲜果，抹上蓝莓酱，味蕾充分享受到多层次融合的美妙滋味。

扫一扫二维码
看视频同步做美食

材料 *Material*

黄油 /110 克
糖粉 /100 克
鸡蛋 /3 个
牛奶 /35 毫升
低筋面粉 /180 克
泡打粉 /4 克
苹果 /2 个
蓝莓果酱 /50 克

工具 *Tool*

烤箱
电动打蛋器
刷子
裱花袋
蛋糕模
玻璃碗
橡皮刮刀
刀

制作 *Make*

1 黄油倒入大碗中用电动打蛋器打散，加入糖粉搅拌均匀，分次加入打散的蛋液快速搅拌至稀（图 1）。
2 倒入牛奶拌匀，再分次加入低筋面粉拌匀，加入泡打粉拌匀。
3 苹果去核切成薄片，放入盐水中浸泡。
4 蛋糕模内部刷一层黄油，摆在烤盘上。
5 将面糊装入裱花袋，再挤入蛋糕模中，先装三分满，放一层苹果片，再挤入面糊至九分满，再放入一层苹果片（图 2）。
6 将烤盘放入烤箱中（图 3），以上火 180℃、下火 160℃的温度，先烤 20 分钟，转炉将烤盘转个方向后再烤 20 分钟。
7 取出烤好的蛋糕，刷上蓝莓果酱即可。

制作笔记 *Notes*

蓝莓苹果磅蛋糕烘烤过程中需要转一次烤盘，这样可以使蛋糕表面上色均匀，且蛋糕内部均能成熟。

关键步骤 *Committed step*

1

2

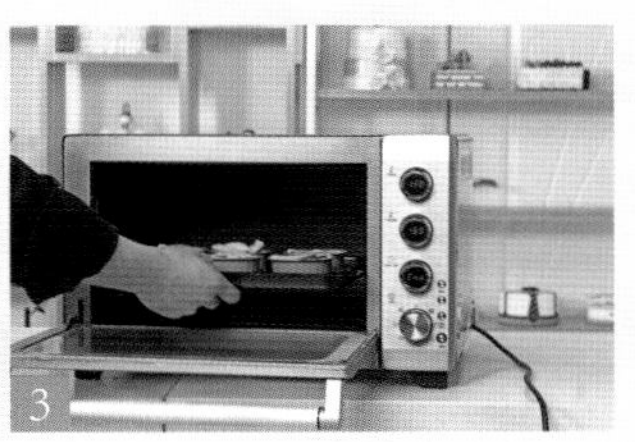

3

来自法国的甜点

巴黎米夏拉克

人份 👤👤👤

材料 *Material*

牛奶 /500 毫升
淡奶油 /125 毫升
细砂糖 /125 克
蛋黄 /3 个
玉米淀粉 /50 克
香草精 /5 毫升

工具 *Tool*

玻璃碗
奶锅
电磁炉
保鲜膜
橡皮刮刀
高温布
蛋糕模具
烤箱

扫一扫二维码
看视频同步做美食

制作 *Make*

1 蛋黄倒入大碗中稍加打散后，加入细砂糖拌匀，然后加入玉米淀粉拌匀，制成面糊（图 1）。
2 奶锅置于炉上，倒入牛奶、淡奶油和香草精煮沸腾，再分次倒入面糊中。
3 面糊拌匀后倒回奶锅，继续煮 2 ~ 3 分钟，直至浓稠。
4 将面糊倒入干净的碗中，在面糊表面盖上一层保鲜膜，静置至自然冷却（图 2）。
5 取出冷却好的面糊，撕开保鲜膜，蛋糕模具放入垫有高温布的烤盘中。
6 面糊用橡皮刮刀稍加搅拌后倒入蛋糕模具，将表面修平整，放入预热好的烤箱中，上火 180℃，下火 170℃，烤 55 分钟。
7 取出烤好的蛋糕，自然放凉后脱模即可。

关键步骤 *Committed step*

1

2

制作笔记 *Notes*

若不喜欢口味太甜的朋友可以适量减少一些细砂糖的量。

回味无穷的

肉桂苹果磅蛋糕

人份 👤👤👤👤

肉桂粉有一种令人着迷的芳香，和苹果一起放在蛋糕里烘烤，吃一口，全天都会感觉幸福甜蜜。

扫一扫二维码
看视频同步做美食

材料 *Material*

鸡蛋 /2 个
低筋面粉 /120 克
黄油 /125 克
苹果 /280 克
泡打粉 /1.5 克
细砂糖 /75 克
红糖 /30 克
肉桂粉 / 适量
白开水 /25 毫升
朗姆酒 /5 毫升
柠檬汁 / 几滴

工具 *Tool*

烤箱
奶锅
电磁炉
刷子
裱花袋
蛋糕杯
水果刀
打蛋器
橡皮刮刀
玻璃碗

制作 *Make*

1 将 120 克黄油倒入大碗中，加入 60 克细砂糖打散，分次加入鸡蛋充分搅拌均匀（图 1）。

2 接着加入红糖拌匀，分次加入低筋面粉拌匀，再加入泡打粉拌匀，制成面糊。

3 将苹果切成粒装入碗中（图 2）。

4 奶锅置于炉上烧热，加入 15 克细砂糖和 5 克黄油翻炒片刻后，加入苹果、水、肉桂粉，翻炒至收汁。

5 将煮好的混合液倒入大碗中，依次加入柠檬汁、朗姆酒拌匀，放置一旁放凉，制成馅料。

6 蛋糕杯模具内壁刷一层黄油，摆入烤盘中。

7 放凉的馅料倒入面糊中拌匀后装入裱花袋，挤入蛋糕杯模具中，约九分满（图 3）。

8 将烤盘放入预热好的烤箱中，上火 180℃，下火 160℃，先烤 20 分钟，转炉将烤盘转个方向后再烤 20 分钟即可。

关键步骤 *Committed step*

1

2

3

Part 4

一口一个酥脆饼干

饼干是每家每户必备的甜点，饼干的酥脆香甜俘获了无数人的心。但是很多人吃到的都是市场上售卖的经过加工处理过的饼干。其实饼干的制作工艺并不难，只需简单的几步你就能尝到自己亲手制作的饼干啦。

千层的爱

千层酥饼

人份 👤👤👤👤👤

材料 Material

片状酥油 /500 克
高筋面粉 /50 克
黄油 /50 克
细砂糖 /50 克
全蛋 /50 克
水 /350 毫升
低筋面粉 /700 克
蛋清 /20 毫升
糖粉 /100 克
杏仁片 / 适量

工具 Tool

烤箱
玻璃碗
打蛋器
长柄刮板
刮板
面粉筛
擀面杖
保鲜膜
奶油抹刀
冰箱

扫一扫二维码
看视频同步做美食

制作 Make

1 用长柄刮板把高筋面粉倒入低筋面粉中，混合后倒在案台上，刮板开窝。把黄油、细砂糖、全蛋放入粉窝中搅拌（图 1）。

2 分多次加入水，并用手继续搅拌，使细砂糖和水能够充分融合后，慢慢把面粉搅进去。

3 用手把面团揉至光滑，适当加水使面团充分伸展，揉面时力道要上下均匀。

4 用保鲜膜将面团包裹住，放进冰箱冷冻 1 小时以上。

5 取出冷冻好的面团，裹进片状酥油，用擀面杖多擀几次并进行折叠，使二者充分混合，再用保鲜膜包好放进冰箱再冷冻 1 小时以上。

6 取出酥皮继续用擀面杖擀成片状后，再重复折叠并擀几次后酥皮就做好了。

7 另置一只玻璃碗，加入蛋清、糖粉，用打蛋器搅拌均匀后制成糖霜。

8 将酥皮分割成均匀的长条形，用奶油抹刀在分割好的面皮上抹上糖霜，沾上杏仁片（图 2），放进烤盘，移入预热好的烤箱中，上火 200℃，下火 180℃，烘烤约 15 分钟。

9 烤制完成后取出酥饼，筛上糖粉装盘即可。

关键步骤 Committed step

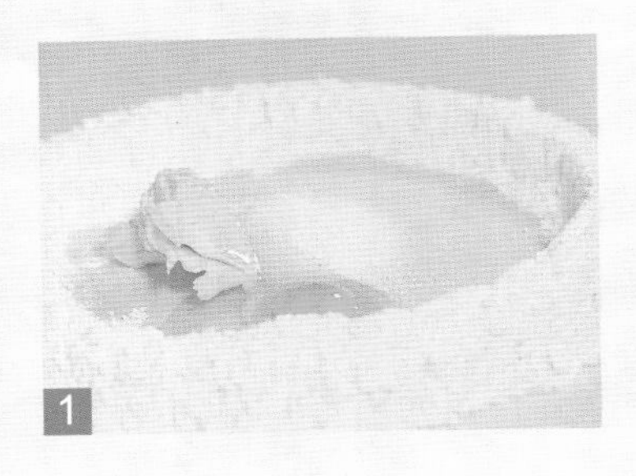

1

2

制作笔记 *Notes*

和面时应该分多次少量倒入水进行和面，这样可以避免揉出来的面团出现不均匀的小疙瘩。

懒人的超级点心

蛋白薄脆饼干

人份

扫一扫二维码
看视频同步做美食

蛋白薄脆饼干材料易得，操作简单，在家轻轻松松就能吃到美味，你还在等什么，快点做起来吧！

材料 *Material*

蛋清 /30 毫升
中筋面粉 /50 克
黄油 /50 克
糖粉 /60 克

工具 *Tool*

玻璃碗
打蛋器
油纸
橡皮刮刀
裱花袋
裱花嘴
面粉筛
烤箱

制作 *Make*

1 室温软化后的黄油中加入糖粉搅拌均匀，注意不要打发（图 1）。
2 分次加入蛋清，搅拌均匀至蛋白糊呈可流动的细腻糊状。
3 倒入过筛后的中筋面粉，继续搅拌均匀至顺滑看不到面粉颗粒为止，切记不要过度搅拌（图 2）。
4 把搅拌好的面糊装进裱花袋，在垫了油纸的烤盘上挤出圆形面糊（图 3）。
5 将烤盘放进预热好的烤箱，以上火 160℃，下火 120℃，烤 10 ~ 15 分钟，烤至饼干边缘呈现金黄色即可（图 4）。

关键步骤 *Committed step*

1

2

3

4

有故事的小饼干

玛格丽特饼干

人份 👤👤👤👤👤

玛格丽特饼干的全称为“住在意大利史特蕾莎的玛格丽特小姐”，绝对的新手级别饼干，它不会用到繁多的工具，也不需要特殊的材料，简单朴实的外观，味道却是香酥可口。

材料 Material

低筋面粉 /100 克
玉米淀粉 /100 克
黄油 /120 克
熟蛋黄 /2 个
盐 /3 克
糖粉 /60 克

工具 Tool

玻璃碗
长柄刮板
烤箱

制作 Make

1 用长柄刮板将软化的黄油刮入玻璃碗中，倒入糖粉搅拌至颜色稍变浅，呈膨松状。
2 倒入熟蛋黄搅拌均匀后，再加入盐继续搅拌。
3 分别加入低筋面粉和玉米淀粉拌匀，用手揉成面团。
4 将面团取一小块，揉成小圆球放入烤盘，用大拇指按扁，按扁的时候，饼干会出现自然的裂纹。
5 依次做好所有的小饼，放入预热好的烤箱中，上火 180℃，下火 160℃，烘烤约 20 分钟，烤至边缘稍微焦黄即可。

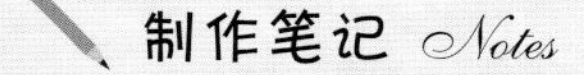

制作笔记 Notes

低筋面粉和玉米淀粉可先混合过筛后，再加入材料中拌匀。

满满的都是能量
坚果巧克力能量块

人份

不同的果仁掺和在小小的饼干内，健康营养十足，满满的热量，适时地吃上一口，可以补充流失的能量。

材料 *Material*

燕麦片 /100 克
黄油 /60 克
巧克力豆 /10 克
杏仁 /15 克
腰果 /15 克
低筋面粉 /30 克
细砂糖 /10 克

工具 *Tool*

玻璃碗
刀
烤箱
砧板
长柄刮板

制作 *Make*

1 将软化的黄油和细砂糖倒入玻璃碗中搅拌。
2 把巧克力豆、杏仁、腰果倒入碗中一并搅拌均匀，加入燕麦片、低筋面粉进行搅拌。
3 将拌匀的混合物取出，然后整形成长方块，压实，用刀将其均匀分块。
4 将切好块的能量块放进烤盘，并放入预热好的烤箱中，上火 180℃，下火 160℃，烘烤约 20 分钟至表面金黄色。
5 烘烤完成后，打开烤箱取出烤盘即可。

制作笔记 *Notes*

对于固体油脂而言，在过硬或过软的状态下，空气都不能充斥其中，所以要让黄油软化。

甜美的茶香

抹茶蜜豆饼干

人份 2

抹茶与蜜豆的相遇，释放了抹茶的清香，也诠释了蜜豆的甜蜜，甜蜜中的清香正扑鼻而来。

扫一扫二维码
看视频同步做美食

材料 Material

低筋面粉 /120 克
黄油 /75 克
抹茶粉 /6 克
糖粉 /35 克
蜜豆 /35 克
鸡蛋液 /15 毫升

工具 Tool

电动打蛋器
方形模具
玻璃碗
刮板
火枪
烤箱
冰箱
面粉筛
刀

制作 Make

1 将室温软化的黄油倒入糖粉中，搅拌均匀后用电动打蛋器打至体积膨松、颜色发白（图 1）。
2 将鸡蛋液分 3 次加入，每一次打至完全均匀后再继续加入，加入蜜豆搅拌均匀（图 2）。
3 将过筛后的低筋面粉和抹茶粉混合均匀，分 2 次加入黄油糊中，拌匀揉成面团。
4 将面团放进方形模具中，用刮板整成长条形，放进冰箱冷冻 1 小时。
5 将冷冻好的饼干坯取出，用火枪或者热毛巾加热模具底部，进行脱模。
6 将饼干坯切成厚薄均匀的方形片，放入预热好的烤箱中，以上火 160℃、下火 120℃，烤 15 分钟左右即可（图 3）。

制作笔记 Notes

烘烤时间可根据饼干上色情况烤 15 ~ 20 分钟，饼干底部微微上色即可出炉。

关键步骤 Committed step

1

2

3

酥松香浓的

蔓越莓曲奇

人份 

材料 Material

低筋面粉 /120 克
蔓越莓干 /35 克
糖粉 /55 克
黄油 /75 克
蛋液 /25 毫升

工具 Tool

橡皮刮刀
保鲜膜
电动打蛋器
玻璃碗
刮板
面粉筛
烤箱
冰箱
刀

扫一扫二维码
看视频同步做美食

制作 Make

1 把室温软化后的黄油倒入大碗中，加入糖粉稍加搅拌，再用电动打蛋器打至体积膨松（图 1）。

2 分次加入蛋液拌匀，将过筛后的低筋面粉分次放进黄油糊内，用橡皮刮刀拌匀。

3 加入蔓越莓干，再用橡皮刮刀拌匀。

4 在方形烤盘中铺上保鲜膜，包好面团，然后将面团整形成长方形的条状，放冰箱冷藏至面团变硬。

5 取出变硬的面团，撕下保鲜膜，用刀将其切成 5 毫米的薄片（图 2）。

6 把切好的饼干薄片整齐地排放在烤盘上，注意饼干之间要留有空隙。

7 将烤盘放入预热好的烤箱中，以上火 160℃、下火 120℃的温度，烘烤约 25 分钟即可。

关键步骤 Committed step

1

2

制作笔记 Notes
蔓越莓韧性较强，切薄片时最好选用薄且锋利的刀具。再者，根据饼干的厚度，烘烤时间可以控制在20 ~ 25分钟之间。

美貌与才华兼并的
纽扣饼干

人份

创意无限的纽扣饼干，造型小巧可爱，不仅深受小朋友们的喜欢，而且更深得大人们的欢心！

扫一扫二维码
看视频同步做美食

材料 *Material*

香草味面团

无盐黄油 /80 克
糖粉 /60 克
鸡蛋 /25 克
低筋面粉 /150 克
香草精 /1.5 毫升

巧克力面团

无盐黄油 /80 克
糖粉 /60 克
鸡蛋 /25 克
低筋面粉 /130 克
可可粉 /20 克

工具 *Tool*

橡皮刮刀，手动打蛋器，玻璃碗，擀面杖，吸管，面粉筛，烤箱，冰箱，保鲜膜，刀

制作 *Make*

1 黄油在室温下软化后，搅打至顺滑无颗粒，无需打发，加入糖粉，搅拌均匀（图 1）。

2 分多次倒入打散的蛋液和香草精，用手动打蛋器搅打至均匀。

3 加入 150 克过筛后的低筋面粉，用橡皮刮刀以按压的方式搅拌至粉粒消失，制成香草味面团。

4 巧克力面团的制作步骤同上，除了步骤 3 中低筋面粉应与可可粉混合后一起过筛加入（图 2）。

5 在案台上撒上高筋面粉，将巧克力面团整形成直径约 3 厘米的圆棍形，放入冰箱冷冻 5 ~ 6 分钟。

6 在香草味面团上盖上保鲜膜，用擀面杖擀成厚约 0.5 厘米的面皮。把圆棍面团包入面皮卷起来，放入冷冻室冻硬后，切成厚约 0.7 厘米的圆片（图 3）。

7 用吸管抠出纽扣洞眼，把制好的饼干整齐的码放在烤盘上。

8 将烤盘放入预热好的烤箱，以上火 160℃、下火 120℃的温度，烘烤 12 分钟左右即可。

关键步骤 *Committed step*

1

2

3

吃上一口就会爱上的

蔓越莓酥条

人份 👤👤👤👤

这是一款简单易做的饼干，倘若材料充裕，可以做多一些冷藏在冰箱里，吃的时候直接切片烘烤。

材料 *Material*

低筋面粉 /80 克
黄油 /40 克
细砂糖 /40 克
蛋黄 /25 克
蔓越莓干 /30 克
泡打粉 /1 克
盐 /2 克

工具 *Tool*

玻璃碗
长柄刮板
刮板
砧板
刀
烤箱
打蛋器
烘焙纸
冰箱

制作 *Make*

1 将软化后的黄油放入玻璃碗中，然后加入细砂糖拌匀。

2 往碗中加入打散的蛋黄搅拌，再加入盐继续搅拌，加入低筋面粉和泡打粉，搅拌均匀。

3 在面糊中加入适量切碎的蔓越莓干。

4 将面糊揉成柔软的面团放在砧板上，再用刮板按压成厚约 2 厘米的长方形面片。

5 将面片放入冰箱冷冻半个小时以上，直到面皮变硬方可取出。

6 用刀将变硬的面片切成厚度一致的小条。

7 将生坯摆放在垫好烘焙纸的烤盘上，放入预热好的烤箱中，上火 180℃，下火 160℃，烘烤 16 ~ 18 分钟，至小条表面呈现金黄色即可。

制作笔记 *Notes*

烘焙中对于材料混合搅拌之所以要分多次进行，是为了让材料与材料之间更好地融合。

休闲小零食

亚麻籽瓦片脆

人份

亚麻籽做成的零食，脆脆香香，是闲时与朋友小聚的良品。

材料 Material

低筋面粉 /25 克
黄油 /10 克
糖粉 /25 克
鸡蛋 /50 克
亚麻籽 /60 克
盐 / 适量

工具 Tool

烤箱
长柄刮板
打蛋器
裱花袋
玻璃碗
裱花嘴

制作 Make

1 备好一个玻璃碗，将鸡蛋打入碗中，加入盐，用打蛋器把鸡蛋打散。
2 倒入糖粉，继续将材料搅拌均匀，再倒入融化好的黄油，搅拌均匀。
3 加入亚麻籽和低筋面粉，一起搅拌均匀。
4 用长柄刮板把面糊装入套有裱花嘴的裱花袋中，将面糊挤在烤盘上。
5 把烤盘放入预热好的烤箱中，上火 180℃，下火 150℃，烘烤 15 ~ 20 分钟，至饼干表面变成金黄色即可。

制作笔记 Notes

烤箱的规格、类型各有不同，功率不一，我们要根据烤箱的功率把握好烘焙时间，烤箱功率较大的应该适当缩减烘焙时间。

罗曼咖啡曲奇

人份

材料 Material

低筋面粉 /125 克
黄油 /115 克
牛奶 /30 毫升
糖粉 /60 克
咖啡粉 /10 克
盐 /2 克
高筋面粉 /35 克

工具 Tool

玻璃碗
电动打蛋器
裱花袋
烤箱
长柄刮板

制作 Make

1 把黄油、糖粉和盐放入玻璃碗中搅拌至颜色变浅（图 1）。
2 分 2 次加入牛奶并继续用电动打蛋器搅拌（图 2）。
3 加入低筋面粉搅拌，接着加入高筋面粉，继续搅拌，最后倒入咖啡粉搅拌均匀。
4 将搅拌好的面糊用长柄刮板装入裱花袋中，然后均匀挤在烤盘上。
5 将烤盘放进预热好的烤箱中，上火 180℃，下火 150℃，烘烤约 20 分钟，曲奇烤好后取出装盘即可食用。

关键步骤 Committed step

1

2

扫一扫二维码
看视频同步做美食

制作笔记 *Notes*

必须使用速溶纯咖啡粉，不能使用三合一咖啡粉，否则会导致材料比例不均，影响成品的口感。

拒绝花哨

焦糖饼干

人份 2

扫一扫二维码
看视频同步做美食

没有花哨的名字，只有香浓的味道。简简单单的形状，安安静静地躺在盘子里，散发着浓浓的焦糖香味。

材料 *Material*

低筋面粉 /80 克
白糖 /40 克
清水 /15 毫升
黄油 /30 克
蛋液 /16 毫升
红糖 /20 克
泡打粉 /0.2 克
盐 /0.4 克

工具 *Tool*

保鲜膜
保鲜袋
长筷子
擀面杖
冰箱
烤箱
卡通模具
锅
打蛋器

制作 *Make*

1 将白糖倒入锅中，加入清水煮至微微泛黄，制成焦糖液后，放置一旁冷却。
2 黄油室温软化后，搅拌至顺滑，注意不用打发（图 1）。
3 分多次加入鸡蛋液，每加一次都要搅均匀后再加下一次。
4 再加入冷却的焦糖液，搅拌均匀，加入红糖搅拌均匀。
5 加入低筋面粉、泡打粉和盐，拌成光滑的面团（图 2）。
6 把面团用保鲜膜包好冷藏 1 个小时，去掉保鲜膜，放入保鲜袋中，用长筷子和擀面杖擀成面片，放入冰箱冷藏（图 3）。
7 取出冷藏好的面片，用卡通模具压制成形（图 4），放入预热好的烤箱中，以上火 160℃、下火 120℃的温度，烤 15 分钟左右取出即可。

关键步骤 *Committed step*

1

2

3

4

西式点心

海绵小西饼

人份

很松软的海绵小西饼，夹杂着奶油的醇香，是份很不错的小甜点。

扫一扫二维码
看视频同步做美食

材料 *Material*

蛋黄 /25 克
细砂糖 /30 克
色拉油 /10 毫升
牛奶 /10 毫升
朗姆酒 /2 毫升
低筋面粉 /20 克
蛋白 /25 克
柠檬汁 /1 毫升
黄油 /30 克

工具 *Tool*

玻璃碗
打蛋器
长柄刮板
烘焙纸
裱花袋
烤箱
电动打蛋器

制作 *Make*

1 将牛奶、色拉油倒入玻璃碗中搅拌均匀，倒入 1 毫升朗姆酒继续搅拌。

2 在奶浆中加入蛋黄继续拌匀，加入 5 克细砂糖搅拌均匀，再倒入低筋面粉，用打蛋器搅拌成无粉粒的面糊，制成蛋黄糊（图 1）。

3 另置一玻璃碗，倒入蛋白和 15 克细砂糖，用电动打蛋器搅拌，倒入柠檬汁，继续搅打成顶端稍微弯曲的蛋白霜。

4 将蛋白霜分 2 次倒入面糊中，用长柄刮板由下而上翻转的方式搅拌均匀，装入裱花袋中。

5 将面糊挤在铺有烘焙纸的烤盘上，间隔均匀地挤上圆形面糊（图 2）。

6 将烤盘放入已经预热好的烤箱中，上火 180℃，下火 160℃，烘烤 8 ~ 12 分钟，至饼干表面呈现黄色。

7 把黄油和 10 克细砂糖倒入玻璃碗中，将其搅拌成乳霜状，加入剩下的朗姆酒继续搅拌均匀后制成奶油馅。

8 把烤好的饼干取出完全放凉，再将奶油馅挤在两片饼干中间夹起来即可（图 3）。

关键步骤 *Committed step*

1

2

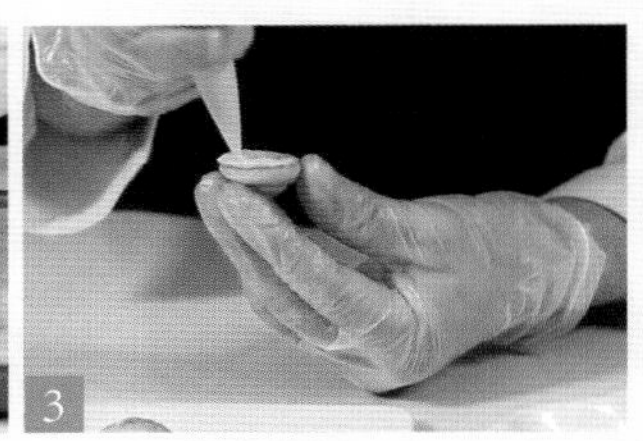
3

暖心的饼干

姜饼

人份

这款饼干造型多样有趣，大人小孩都很适合，表层上那层糖霜，更是画龙点睛之处。

材料 *Material*

黄油 /50 克
低筋面粉 /200 克
鸡蛋 /40 克
细砂糖 /50 克
肉桂粉 /1 克
蜂蜜 /30 克
糖粉 /150 克
蛋清 /30 毫升

工具 *Tool*

饼干模
长柄刮板
刮板
裱花袋
烤箱
玻璃碗
擀面杖
打蛋器

制作 *Make*

1 备好一个玻璃碗，倒入黄油、细砂糖，用手混匀。

2 鸡蛋液分两三次加入，加入一次搅拌一次，进行多次搅拌，倒入蜂蜜、肉桂粉， 继续搅拌均匀。接着加入低筋面粉，将其充分揉搓成面团。

3 将面团压成饼状，再用刮板分切成几块，然后用擀面杖擀成厚薄均匀的面皮。

4 用模具把面皮切割成不同的形状后摆放在烤盘中，再放进预热好的烤箱中，上火 180℃，下火 160℃，烘烤 20 分钟。

5 备好一个玻璃碗，倒入糖粉、蛋清充分打发，制成蛋白霜，将蛋白霜倒入裱花袋中，挤在冷却好的姜饼上进行装饰即可。

制作笔记 *Notes*

鸡蛋液分多次放入，有利于黄油和鸡蛋液的融合，这样才不会出现蛋油分离的现象。

爱上奶油夹心
奶油松饼

人份

连续工作时间长了，谁都难免会疲惫，想要好好放松一下，这香浓甜美的点心，必能给你一份好心情。

材料 Material

牛奶 /200 毫升
低筋面粉 /180 克
蛋清 /100 毫升
蛋黄 /45 克
溶化的黄油 /30 克
细砂糖 /75 克
泡打粉 /5 克
盐 /2 克
黄油 / 适量
打发的鲜奶油 /10 毫升

工具 Tool

电动打蛋器
三角刮板
打蛋器
华夫炉
蛋糕刀

制作 Make

1 将细砂糖、牛奶倒入容器中，拌匀。
2 加入低筋面粉、蛋黄、泡打粉、盐、黄油，搅拌均匀，至其呈糊状。
3 将蛋清倒入另一个容器中，搅拌打发后倒入面糊中，搅拌匀。
4 将华夫炉的温度调成200℃，预热，在炉子内涂上黄油，至其融化。
5 将拌好的材料倒入炉具中，至其起泡，盖上盖，烤 2 分钟至熟，取出松饼，放在白纸上，切成 4 等份。
6 在一块松饼上抹上适量打发的鲜奶油，再盖上另一块松饼，依此做剩下的松饼，中间切开装盘。

制作笔记 Notes

华夫炉在加热的途中不要开盖，加热指示灯灭以后，要马上取出。

to love
special angel
Right from paradise

美味健康两相宜
橄榄油原味香脆饼

人份 👤👤

现在不都提倡用植物油吗？所以用橄榄油做出的食物绝对健康有保障，另外除了健康，它还十分美味哦！

材料 Material

全麦粉 /100 克
橄榄油 /20 毫升
盐 /2 克
苏打粉 /1 克
水 /45 毫升

工具 Tool

刮板
擀面杖
叉子
烤箱
刀
烘焙油纸

制作 Make

1 将全麦粉倒在案台上，用刮板开窝，倒入苏打粉，加入盐（图 1）。
2 加入水、橄榄油，搅匀，将材料混合均匀，揉搓成面团（图 2）。
3 用擀面杖把面团擀成 0.3 厘米厚的面皮，再用刀把面皮切成长方形的饼坯（图 3）。
4 用叉子在饼坯上扎小孔，去掉多余的面皮，放入铺有烘焙油纸的烤盘中（图 4）。
5 将烤盘放入烤箱，以上火 170℃、下火 170℃烤 15 分钟至熟。
6 取出烤好的香脆饼，装入盘中即可。

制作笔记 Notes

可以在饼干生坯上撒少许葱花，使烤出来的饼干更香，口感更佳。

关键步骤 Committed step

吃货的选择

巧克力夹心脆

人份

材料 Material

低筋面粉 /60 克
蛋白 /40 毫升
糖粉 /50 克
黄油 /50 克
可可粉 /10 克
巧克力酱 / 适量

工具 Tool

裱花袋
玻璃碗
电动打蛋器
打蛋器
烤箱

制作 Make

1 低筋面粉与可可粉混合均匀。黄油倒入碗中，加入糖粉，打发至乳白色（图 1）。
2 加入蛋白，拌匀，加入面粉混合物，混合匀，装入裱花袋，逐一挤入烤盘。
3 放入预热好的烤箱内，上火 150℃，下火 120℃，烤 15 分钟后取出。
4 将其取出放凉，取一块内部挤上适量的巧克力酱，再取一块盖上，夹好即可（图 2）。

关键步骤 Committed step

1

2

扫一扫二维码
看视频同步做美食

制作笔记 *Notes*

夹心不宜太厚，以免夹心黏得到处都是。

不可小瞧的

巧克力腰果曲奇

人份 👤👤👤

我喜欢腰果，喜欢那嚼在嘴里无比香浓又清脆的口感，所以我特别钟爱这一款巧克力腰果曲奇，因为它的腰果够量。

材料 *Material*

黄油 /90 克
糖粉 /80 克
蛋清 /60 毫升
低筋面粉 /120 克
可可粉 /15 克
盐 /1 克
腰果碎 / 适量

工具 *Tool*

电动打蛋器
花嘴
裱花袋
长柄刮板
烤箱
剪刀
玻璃碗

制作 *Make*

1 将黄油倒入大碗中，加入糖粉，用电动打蛋器搅匀。
2 分 2 次加入蛋清，用电动打蛋器快速打发。
3 倒入低筋面粉、可可粉，搅匀，加入盐，搅拌均匀（图 1）。
4 取一个花嘴，把花嘴装入裱花袋里。
5 用剪刀在裱花袋尖角处剪开一个小口，把面糊装入裱花袋里（图 2）。
6 将面糊挤在烤盘上，制成数个曲奇生坯，撒上腰果碎（图 3）。
7 把生坯放入预热好的烤箱里，关门，以上下火 150℃烤 15 分钟至熟，取出即可。

制作笔记 *Notes*

加入的盐不宜太多，以免曲奇太咸。

关键步骤 *Committed step*

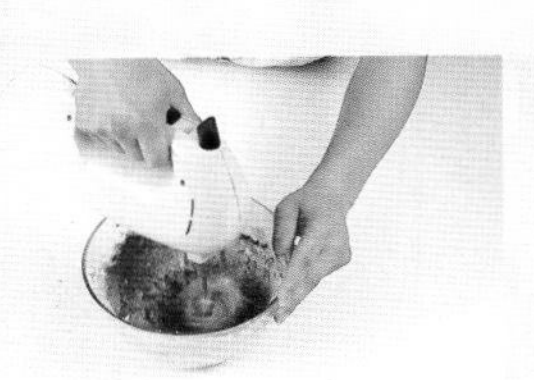
1

2

3

美丽的花儿
果酱花饼

人份

果酱与饼干的完美结合，看着就很有食欲，吃上一口更是难以忘怀！

材料 Material

酵母 /5 克
温水 /90 毫升
低筋面粉 /150 克
黄油 /50 克
鸡蛋 /40 克
奶粉 /10 克
小苏打 / 适量
草莓果酱 / 适量

工具 Tool

刮板
模具
烤箱
擀面杖
叉子

制作 Make

1 低筋面粉内加入酵母、奶粉、小苏打，混合匀。
2 在粉内开窝，加入水、鸡蛋，混合匀揉至成面团，放入黄油，混合匀。
3 用擀面杖将面皮擀薄，用模具压出花形面皮。
4 去除多余的面皮，将花饼放入烤盘。
5 用叉子在面皮上打上小洞，在花心内装饰上草莓果酱。
6 烤盘放入预热好的烤箱内，上火 200℃，下火 190℃，烤 15 分钟取出即可。

制作笔记 Notes

果酱可以根据自己的喜好更换。

不能错过的完美甜点

椰蓉蛋酥饼干

人份

椰蓉是椰丝和椰粉的混合物，将它做成饼干，不仅能增加风味，而且能对点心进行装饰，让人更加有食欲。

材料 Material

低筋面粉 /150 克
奶粉 /20 克
鸡蛋 /2 个
盐 /2 克
细砂糖 /60 克
黄油 /125 克
椰蓉 /50 克

工具 Tool

刮板
烤箱

制作 Make

1 将低筋面粉、奶粉搅拌片刻，在中间开一个窝。
2 加入备好的细砂糖、盐、鸡蛋，在中间搅拌均匀。
3 倒入黄油，将四周的面粉覆盖上去，一边翻搅一边按压至面团均匀平滑。
4 取适量面团揉成圆形，在外圈均匀粘上椰蓉。
5 将面团放入烤盘，轻轻压成饼状，依次制成饼干生坯。
6 将烤盘放入预热好的烤箱里，调成上火 180℃、下火 150℃，烤 15 分钟至定形。
7 15 分钟后，戴上隔热手套将烤盘取出。
8 将饼干装入篮子中，稍放凉即可食用。

制作笔记 Notes

面团最好大小一致才能受热均匀。

给咖啡加点糖

咖啡雪球

人份

简单易操作的咖啡雪球是喜欢咖啡的人的福利，裹了一层糖粉的咖啡雪球比咖啡的味道更浓郁。

扫一扫二维码
看视频同步做美食

材料 *Material*

黄油 /100 克
糖粉 /50 克
咖啡粉 /5 克
低筋面粉 /150 克

工具 *Tool*

烤箱
电动打蛋器
长柄刮板
面粉筛
勺子
烘焙纸
玻璃碗

制作 *Make*

1 把黄油倒入玻璃碗，用电动打蛋器打散，加入糖粉继续搅拌（图 1）。
2 加入咖啡粉搅拌，再加入低筋面粉，用长柄刮板搅拌均匀。
3 把面团揉成若干个小球，放进垫有烘焙纸的烤盘中，用勺子压一下整形（图 2）。
4 在面团表面筛上糖粉（图 3），把烤盘放进预热好的烤箱中，上火 165℃，下火 145℃，烘烤约 15 分钟即可。

制作笔记 *Notes*

咖啡粉可以根据自己的喜好，选用不同品种的，一般来说，用速溶咖啡粉味道更容易让人接受。

关键步骤 *Committed step*

1

2

3

Part 5

酥挞派，停不下来的治愈美食

挞和派是西点里的一对兄弟，是情人之间的表达方式，挞派可以随心做，想做甜的就做甜的，想做咸的就做咸的。自己动手做的挞派可以加入各种小新意，给你的爱人一点小惊喜。

誉满全国的美味小吃

核桃酥

人份

核桃酥是常见的小吃，它的名字享誉南北，核桃营养价值非常高，其质地细腻、柔软，有突出的桃仁清香。

扫一扫二维码
看视频同步做美食

材料 Material

植物油 /100 毫升
糖粉 /80 克
盐 /1 克
低筋面粉 /225 克
小苏打 /2 克
核桃碎 /30 克
蛋液 /40 毫升

工具 Tool

玻璃碗
厨房秤
橡皮刮刀
毛刷
面粉筛
烤箱

制作 Make

1 将植物油倒入碗中，加入糖粉和盐搅拌均匀，然后加入蛋液搅拌均匀（图 1）。

2 再分次加入过筛后的低筋面粉搅拌均匀后，加入小苏打拌匀。

3 加入核桃碎拌匀（图 2），将面团捏成团状，再分割成每个 20 克的小面团搓圆。

4 把小面团压扁，刷 2 次蛋液（图 3）。将小面团放入预热好的烤箱中，以上火 160℃、下火 140℃的温度，烤 20 分钟左右，直至饼干表面色泽呈金黄色即可出炉。

制作笔记 Notes

小面团压扁时会裂开，属正常现象。

关键步骤 Committed step

1

2

3

红艳艳的美

香甜樱桃挞

人份 3人

材料 Material

挞皮

低筋面粉 /175 克
黄油 /100 克
水 /45 毫升
盐 /2 克

挞馅

淡奶油 /125 毫升
牛奶 /125 毫升
细砂糖 /20 克
蛋黄 /100 克
朗姆酒 /3 毫升
樱桃果肉 /70 克

工具 Tool

玻璃碗
打蛋器
刮板
烤箱
蛋挞模

扫一扫二维码
看视频同步做美食

制作 Make

1 把黄油倒入玻璃碗中，分多次加入水并搅拌均匀（图 1）。再加入盐、低筋面粉搅拌均匀，制成挞皮。
2 将面团搓成长条，用刮板切成小块后紧贴蛋挞模内壁进行装模，摆放在烤盘中。
3 将烤盘放进预热好的烤箱中，上火 200℃，下火 160℃，烘烤约 8 分钟。
4 将淡奶油、牛奶和细砂糖倒入玻璃碗，用打蛋器充分拌匀，接着加入蛋黄搅拌，再倒入朗姆酒拌匀。
5 把制作好的挞馅倒入烤好的挞皮中约九分满（图 2），然后放入预热好的烤箱中烘烤约 20 分钟。
6 烤好后出炉，用樱桃果肉装饰已经烤好的挞即可。

关键步骤 Committed step

1

2

制作笔记 *Notes*

在烤的过程中，挞皮会有收缩现象。面皮在挞模中捏紧时，一定要捏得高出模具的边缘才行。

烤出来的苹果

奶香苹果派

人份 👤👤👤👤

扫一扫二维码
看视频同步做美食

如果只吃奶香面包会觉得腻，只吃苹果又会觉得单调。奶香苹果派就是来治疗你的尴尬症的，派的柔软搭配苹果的脆甜，让你吃一次就终生难忘。

材料 *Material*

派皮

黄油 /75 克
低筋面粉 /130 克
糖粉 /10 克
盐 /1 克

派馅

苹果 /1 个
鲜奶油 /90 毫升
鸡蛋 /2 个
细砂糖 /50 克
牛奶 /90 毫升
蜂蜜 /1 小勺

工具 *Tool*

烤箱
冰箱
打蛋器
保鲜袋
擀面杖
叉子
派模
玻璃碗
水果刀

制作 *Make*

1 制作派皮：黄油用打蛋器打至顺滑，加入糖粉和盐拌匀。

2 加入低筋面粉拌匀，制成派皮面团（图 1），装入保鲜袋，放入冰箱冷藏半个小时。

3 取出冷藏好的面团擀成面皮，铺入派模，去除边缘，用叉子扎眼，放入冰箱冷冻 20 分钟。

4 制作派馅：细砂糖倒入大碗中，加入鸡蛋打散（图 2）。

5 分别加入鲜奶油、牛奶、蜂蜜搅拌均匀，制成派馅（图 3）。

6 苹果切成块状，摆入派模中，倒入派馅，放入烤盘中（图 4）。再放进预热好的烤箱中，以上火 210℃、下火 190℃的温度，烤 20 分钟，根据上色情况，烘烤时间可延长 3 ~ 5 分钟。

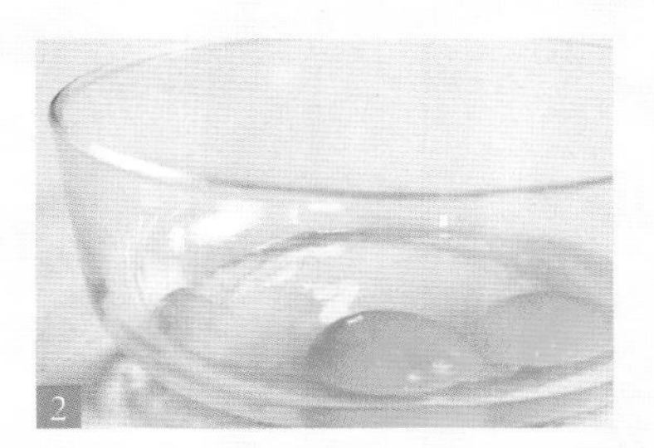

要简单，也要精致

果酱千层酥

人份 👤👤

材料 Material

酥皮

高筋面粉 /300 克
低筋面粉 /80 克
细砂糖 /25 克
水 /120 毫升
鸡蛋 /35 克
黄油 /25 克
片状酥油 /80 克

辅料

果酱 / 适量
蛋液 / 适量

工具 Tool

擀面杖
面包机
烤箱
刀
刷子

制作 Make

1 把除片状酥油外的其他酥皮原料全部倒进面包机中搅拌均匀至成面团。
2 把面团用擀面杖擀成片状，压上片状酥油，然后包裹好继续擀成片状，重复折叠擀 3 次直到把片状酥油和面团擀均匀（图 1）。
3 常温发酵 2 分钟，酥皮就制作好了。
4 把酥皮均匀切成正方形面皮后对折，再把角切一下并整形。然后刷上蛋液，把果酱放入酥皮中（图 2）。
5 把装进烤盘的酥皮放进预热好的烤箱中，上火 180℃，下火 160℃，烘烤约 20 分钟，至表面金黄色，取出装盘即可。

关键步骤 Committed step

1

2

扫一扫二维码
看视频同步做美食

制作笔记 *Notes*

千层酥的烘烤时间还需根据个人制作的面皮大小决定，面皮大时烘焙时间需相应延长一会。

零难度的
香蕉派

人份 2

香蕉派的做法非常简单，“零难度”的做法是懒人的超级福利，烤出后的香蕉，香甜味儿扑鼻而来，一起来试试吧！

扫一扫二维码
看视频同步做美食

材料 Material

派皮

黄油 /75 克
低筋面粉 /130 克
糖粉 /10 克
盐 /1 克

派馅

香蕉 /2 根
鲜奶油 /90 毫升
鸡蛋 /2 个
细砂糖 /50 克
牛奶 /90 毫升
蜂蜜 /1 小勺

工具 Tool

烤箱
冰箱
擀面杖
叉子
玻璃碗
派模
刮板
保鲜袋
打蛋器
水果刀

制作 Make

1 制作派皮：黄油用打蛋器打至顺滑，加入糖粉和盐拌匀。
2 加入低筋面粉拌匀，制成派皮，装入保鲜袋，放入冰箱冷藏 30 分钟。
3 取出冷藏好的派皮擀开，擀成面皮，铺入派模（图 1），去除边缘，用叉子扎眼，放入冰箱冷冻 20 分钟。
4 制作派馅：细砂糖倒入大碗中，加入鸡蛋打散，分别加入鲜奶油、牛奶、蜂蜜搅拌均匀，制成派馅。
5 取出冷冻好的派皮，将香蕉切片，摆入派皮中（图 2），倒入馅料，再摆上几片香蕉，放入烤盘中。
6 把烤盘放进预热好的烤箱中（图 3），上火 215℃，下火 175℃，烤 20 分钟，根据上色情况，可将烘烤时间延长 3 ~ 5 分钟。

关键步骤 Committed step

1

2

3

满口酥脆的小惊喜

葡萄奶酥

人份 👤👤👤

扫一扫二维码
看视频同步做美食

黄油和奶粉赋予了它酥松与奶香十足的口感，搭配上葡萄干，别有一番浓郁的风味。

材料 *Material*

主料

低筋面粉 /180 克
蛋黄 /3 个
黄油 /80 克

辅料

葡萄干 /60 克
奶粉 /12 克
细砂糖 /50 克

工具 *Tool*

电动打蛋器
擀面杖
刀
烘焙油纸
烤箱
刮板
玻璃碗
刷子

制作 *Make*

1 黄油室温下软化后，用电动打蛋器搅拌一下，然后加入细砂糖打散（图 1）。

2 分次加入蛋黄打发（图 2），加入奶粉拌匀，接着加入部分低筋面粉稍加拌匀后，将材料倒在案台上。

3 加入剩余的低筋面粉，拌匀后加入葡萄干搅拌，揉成一个均匀的面团。

4 用擀面杖将面团擀成厚约 1 厘米的面片，再用刀切成小长方形。

5 将长方形面片排列好放入垫有烘焙油纸的烤盘里，并在表面刷上一层打散的蛋黄液（图 3）。

6 将烤盘放入预热好的烤箱中（图 4），上火 170℃，下火 140℃，烤 15 分钟左右，至其表面金黄色即可。

关键步骤 *Committed step*

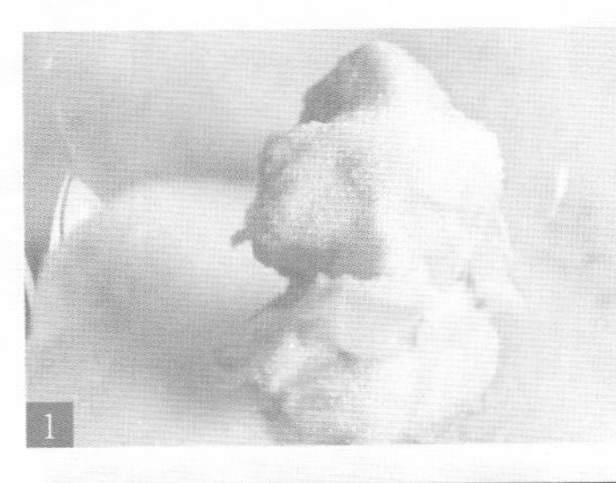
1

2

3

4

榴莲忘返

芝士榴莲派

人份 2

金黄诱人的芝士榴莲派以新鲜榴莲果肉配制软滑芝士，异常松软。

扫一扫二维码
看视频同步做美食

材料 Material

派皮

黄油 /75 克
低筋面粉 /130 克
糖粉 /10 克
盐 /1 克

派馅

榴莲肉 /160 克
（奶油）奶酪 /90 克
马拉里苏芝士 /200 克

工具 Tool

烤箱
冰箱
叉子
派模
裱花袋
保鲜袋
擀面杖
均制机
电动打蛋器
玻璃碗

制作 Make

1 黄油用打蛋器打至顺滑，加入糖粉和盐拌匀。
2 加入低筋面粉拌匀，制成派皮，装入保鲜袋，放入冰箱冷藏30 分钟。
3 取出冷藏好的派皮擀开，擀成面皮，铺入派模，去除边缘，用叉子扎眼，放入冰箱冷冻 20 分钟。
4（奶油）淡奶酪用均制机打散，加入榴莲肉打匀，制成馅料（图 1）。
5 取出冷冻好的派皮，将馅料装入裱花袋，挤入派皮中（图 2）。
6 将表面整平整，撒上马苏里拉芝士，放入烤盘（图 3）。
7 再放进预热好的烤箱中，上火 200℃、下火 170℃的温度，烤 16 分钟，根据上色情况，可将烘烤时间延长 3 ~ 5 分钟。

关键步骤 Committed step

1

2

3

清新的享受

绿茶酥

人份

材料 Material

水油皮

高筋面粉 /75 克
低筋面粉 /75 克
细砂糖 /35 克
黄油 /40 克
水 /60 毫升

油酥

低筋面粉 /50 克
黄油 /45 克
绿茶粉 /3 克

馅料

红豆 /200 克

工具 Tool

刀
玻璃碗
电子秤
擀面杖
烤箱
烘焙纸

扫一扫二维码
看视频同步做美食

制作 Make

1 水油皮制作：备好的玻璃碗中依次放入低筋面粉、高筋面粉、水、细砂糖、黄油搅拌均匀，制成水油皮面团，面团需揉至表面光滑。

2 油酥制作：把 50 克低筋面粉、黄油和绿茶粉混合揉成油酥面团。

3 把水油皮面团分割成小份，用电子秤称取 25 克的小面团。油酥面团也依此分割。

4 用手掌把水油皮面团压扁，放上油酥面团，用水油皮把油酥包起来（图 1）。

5 包好的面团收口朝下，在案板上撒一层薄面粉防粘，用擀面杖擀成比较薄的面片（图 2）。

6 用刀对半割开，把擀好的长方形面片朝一端卷起来，把面团切面朝上，再次擀开成圆形的薄片，包上红豆，收口。

7 把收口朝下放在垫有烘焙纸的烤盘里，放进预热好的烤箱中，上火 180℃，下火 160℃，烘烤 20 分钟左右，取出烤好的绿茶酥装盘即可。

关键步骤 Committed step

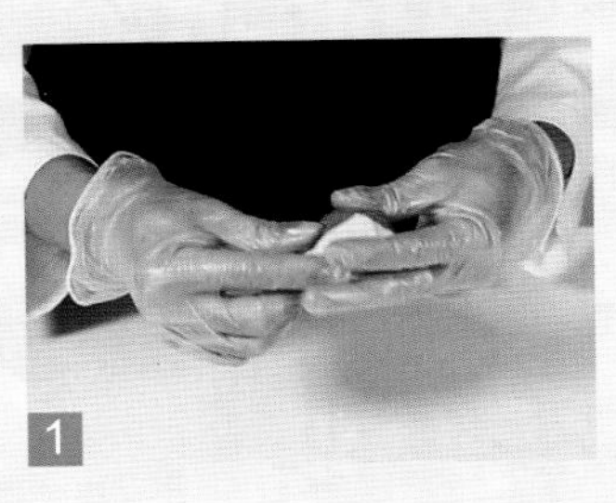

1

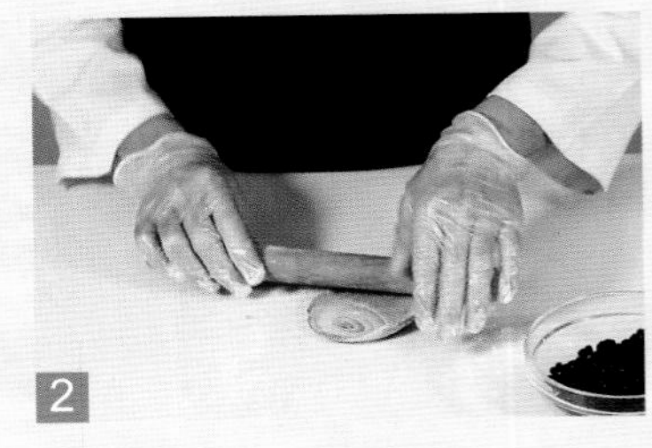

2

制作笔记 *Notes*

可以用猪油代替黄油或植物油，猪油的起酥效果最好，黄油次之，植物油最差。

幸福的滋味

乳酪蛋挞

人份 4

一口下去，咬破酥脆的表皮，柔软的内馅直接滑入口中。

扫一扫二维码
看视频同步做美食

材料 Material

挞皮

低筋面粉 /100 克
黄油 /50 克
乳酪 /35 克
细砂糖 /20 克

挞馅

牛奶 /20 毫升
鸡蛋 /2 个
细砂糖 /50 克
水 /100 毫升

工具 Tool

玻璃碗
打蛋器
面粉筛
蛋挞模具
烤箱

制作 Make

1 将黄油、乳酪、细砂糖倒入玻璃碗中进行搅拌。接着加入低筋面粉，将其搅拌至黏稠，揉成面皮。
2 把揉好的蛋挞皮放入蛋挞模具中捏至成形。
3 把水、细砂糖倒入另一个玻璃碗中进行搅拌，使细砂糖能够充分溶化。
4 倒入牛奶，用打蛋器搅拌均匀。
5 将鸡蛋敲入碗中，打散至糊状，倒入糖水中搅拌均匀后过筛。
6 将挞馅装入挞皮中，约九分满，放入预热好的烤箱中，上、下火 190℃，烘烤约 10 分钟即可。

制作笔记 Notes

黄油需要提前加热至软化，然后进行打发，或是和其他的食材一起打发，打到体积变大、颜色稍微变浅即可。

关键步骤 Committed step

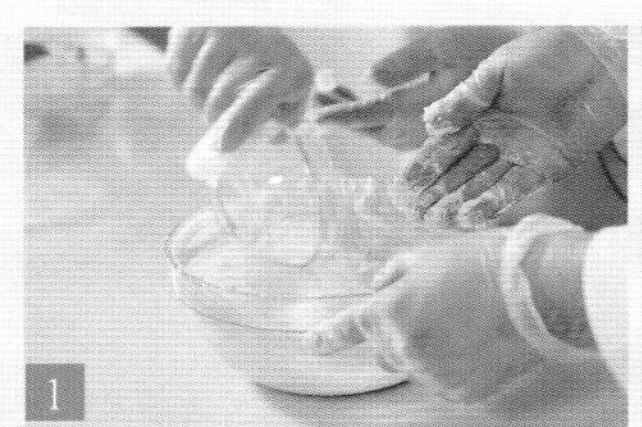
1

3

5

难得的下午茶

清爽黄桃乳酪派

人份 👤👤👤

扫一扫二维码
看视频同步做美食

爽甜黄桃乳酪派，酥松可口，甜而不腻。三两个朋友小聚，配上一杯清新绿茶，春天的气息扑面而来。

材料 *Material*

派皮

黄油 /48 克
糖粉 /20 克
盐 /2 克
低筋面粉 /75 克

派馅

奶油奶酪 /50 克
细砂糖 /18 克
酸奶 /40 毫升
全蛋液 /20 毫升
玉米淀粉 /3 克
奶粉 /3 克
黄桃 / 适量

工具 *Tool*

玻璃碗
打蛋器
橡皮刮刀
擀面杖
派模
保鲜膜
叉子
烤箱
刮板

制作 *Make*

1 在低筋面粉中倒入糖粉和盐拌匀，加入室温下软化的黄油。
2 用手将其抓匀揉成面团，放到冰箱冷冻至硬（图 1）。
3 奶油奶酪室温放至软化，加入细砂糖打至顺滑。
4 分次加入全蛋液搅拌均匀，加入酸奶、淀粉和奶粉，分别搅拌均匀即成派馅。
5 取出冷冻好的面团，盖上保鲜膜，用擀面杖擀成面饼，铺入派盘中用手压实，并去除多余的派皮，用叉子在派底插上小孔排气，防止起鼓（图 2）。
6 将派馅倒入派皮中并轻震出气泡（图 3）。
7 放入预热好的烤箱中层，上火 190℃，下火 170℃，烤 15 分钟。
8 烤好后取出，晾凉，整齐地码放上切成薄片的黄桃即可（图 4）。

1

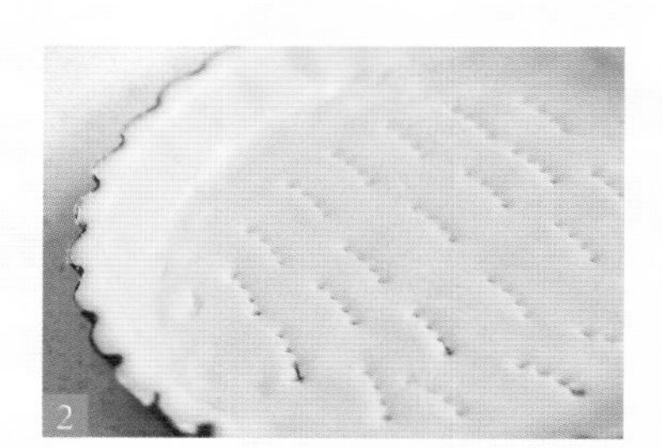
2

3

4

条条是美味

杏仁酥条

人份

杏仁在烤箱烘烤之后，味道完美地沉淀，酝酿出另一种让你意想不到的、包含着杏仁的美味。

材料 Material

低筋面粉 /220 克
高筋面粉 /30 克
糖粉 /40 克
黄油 /220 克
食盐 /2 克
水 /110 毫升
全蛋液 /30 毫升
细砂糖 /40 克
杏仁 /50 克

工具 Tool

保鲜膜
冰箱
保鲜袋
擀面杖
烤箱
刮板
刀
刷子

制作 Make

1 千层酥皮制作：将低筋面粉、高筋面粉、糖粉和盐混合均匀后，加入 40 克室温软化的黄油，分次倒入清水，揉成光滑的面团，用保鲜膜包好后，放入冰箱冷藏松弛 20 分钟。

2 将 180 克黄油切成小片，放入保鲜袋排好，用擀面杖把黄油压成厚薄均匀的大片薄片。

3 案上撒一层防粘薄粉，把松弛好的面团取出来放在案板上，擀成长方形，长约为黄油薄片长度的 1 倍，宽度比黄油薄片稍宽一些。

4 把黄油薄片放在长方形面片中央，把面片的两端分别向中央翻过来，盖在黄油薄片上，用手将连接处的面团捏紧。

5 把面片的一端捏紧，压出多余的气泡后将另一端的面片捏紧，把面片旋转 90° 后，用擀面杖将面皮再次擀成长方形。

6 将面皮一端向中心折过来，接着将另一端也往中心折，再把折好的面皮对折，这样就完成了第一轮的四折，将折好的面片包上保鲜膜，放入冰箱冷藏松弛 20 分钟左右。

7 松弛好的面片拿出来，重复上一步，再进行两轮四折，前后共进行三轮四折，完成后，将面片擀开成厚度约 0.3 厘米的长方形，千层酥皮就做好了。

8 杏仁酥条制作：将杏仁放在案板上，切碎备用。

9 千层酥皮上刷一层全蛋液，在表面撒上一层白砂糖和杏仁碎，用擀面杖按压面皮表面，将杏仁碎和白砂糖按到面皮里面去。

10 面皮翻面，刷蛋液，撒白砂糖和杏仁片并按压，两面都沾上白砂糖和杏仁碎后，用刀分割成长条，拧成螺旋状，放入烤盘。

11 松弛 10 分钟后，放入预热好的烤箱，上、下火 200℃，烤 15 ~ 20 分钟，烤至表面呈微金黄色即可。

清甜双果派

人份 2

材料 Material

派皮

低筋面粉 /135 克
黄油 /110 克
鸡蛋 /15 克
泡打粉 /2 克
糖粉 /80 克

派馅

苹果 /1 个
梨 /1 个
柠檬汁 /5 毫升
细砂糖 /60 克
盐 /2 克
肉桂粉 /4 克
黄油 /10 克

工具 Tool

长柄刮板
刮板
玻璃碗
烤箱
擀面杖
派模
刀

扫一扫二维码
看视频同步做美食

制作 Make

1 将软化的黄油、糖粉倒入碗中拌匀，加入鸡蛋搅拌，最后加入泡打粉和低筋面粉，用长柄刮板拌匀，制成派皮。
2 用擀面杖把派皮擀好后放入模具底部，使派皮与其紧贴（图 1）。
3 把剩下的派皮擀成长条形，裹住模具内边缘，用刮板在做好的派皮底部打孔排气（图 2）。
4 把做好的派皮放入烤盘中，并放进预热好的烤箱中，上、下火 190℃，烘烤约 15 分钟，至表皮微微发黄即可。
5 把梨和苹果削皮，用刀切成丁状待用。
6 把肉桂粉、盐、细砂糖、柠檬汁和溶化好的黄油倒入玻璃碗中，再加入水果丁搅拌均匀，制成派馅。
7 将派馅装入派皮里，再次放入烤箱中，上火 190℃，下火 190℃，烘烤约 5 分钟。
8 取出烤好的派装盘即可。

关键步骤 Committed step

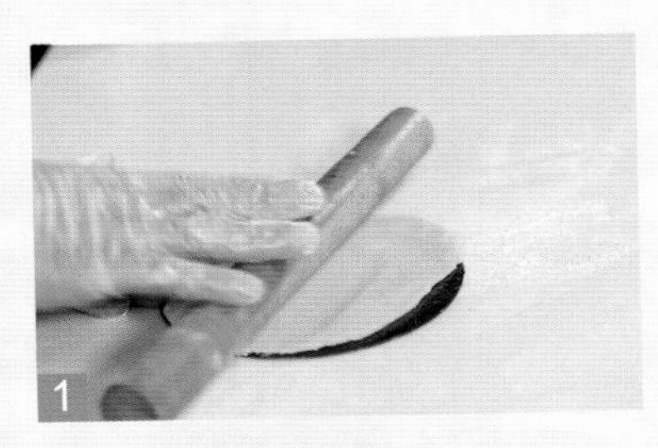

1

2

制作笔记 *Notes*

低筋面粉蛋白质含量在9%以下，一般用来制作组织疏松、口感松软的蛋糕、饼干、派等糕点。一般在商场都可以买到低筋面粉。

吃走倦意

柠檬挞

人份

被柠檬片掩盖的挞杯之下，是香甜厚实的软馅。闻着柠檬的清香，浓浓的倦意也悄然退散。

扫一扫二维码
看视频同步做美食

材料 Material

挞皮

黄油 /50 克
糖粉 /50 克
鸡蛋 /20 克
泡打粉 /1 克
低筋面粉 /100 克

挞馅

牛奶 /20 毫升
糖粉 /20 克
柠檬汁 /20 毫升
柠檬果肉 /15 克
黄油 /25 克
水 /40 毫升
蛋黄液 /15 毫升
柠檬片 / 适量

工具 Tool

派模，不锈钢盆，打蛋器，玻璃碗，烤箱，量杯

制作 Make

1 把黄油、糖粉、鸡蛋放入玻璃碗中搅拌均匀（图 1）。
2 再加入低筋面粉和泡打粉搅拌均匀，制成挞皮，压入模具的内壁（图 2）。
3 把牛奶、水、糖粉、黄油倒入不锈钢盆加热，用打蛋器搅拌匀，再加入柠檬果肉、柠檬汁和蛋黄液拌匀。
4 把调好的馅倒入量杯，再倒入挞皮，将柠檬切片盖在挞馅上（图 3）。
5 将模具放在烤盘中，并将烤盘放入预热好的烤箱中，上火 180℃，下火 160℃，烘烤约 20 分钟。
6 柠檬挞烤好后将其取出装盘即可食用。

关键步骤 Committed step

1

2

3

百变星君

水果派

人份 👤👤

材料 Material

派皮

黄油 /75 克
低筋面粉 /130 克
糖粉 /10 克
盐 /1 克

派馅

鲜奶油 /90 毫升
鸡蛋 /2 个
细砂糖 /50 克
牛奶 /90 毫升
蜂蜜 /1 小勺

装饰

水果 / 适量
打发好的装饰奶油 / 适量

工具 Tool

烤箱，保鲜袋，擀面杖，叉子，派模，冰箱，裱花袋，刮板，玻璃碗，打蛋器

扫一扫二维码
看视频同步做美食

制作 Make

1 制作派皮：黄油用打蛋器打至顺滑，加入糖粉和盐拌匀。

2 加入低筋面粉拌匀，制成派皮，装入保鲜袋，放入冰箱冷藏30分钟。

3 取出冷藏好的派皮擀开，擀成面皮，铺入派模，去除边缘，用叉子扎眼，放入冰箱冷冻20分钟。

4 制作派馅：细砂糖倒入大碗中，加入鸡蛋打散，分别加入鲜奶油、牛奶、蜂蜜搅拌均匀，制成派馅。

5 取出冷冻好的派皮，倒入馅料（图1），放入烤盘，再放进预热好的烤箱中，上火215℃，下火175℃，烤20分钟。

6 取出烤好的派放凉，将草莓切小块，打发好的奶油装入裱花袋，挤在派上（图2），放上草莓和蓝莓进行装饰即可。

关键步骤 Committed step

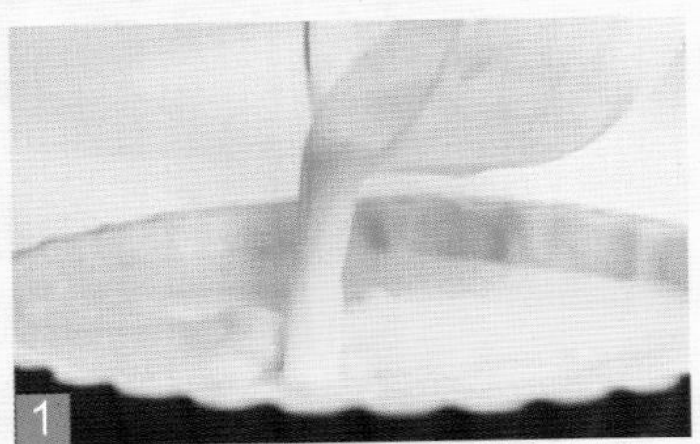

1

2

制作笔记 Notes
根据派的上色情况，烘烤时间可延长3～5分钟。

“小小的”价值

草莓水果挞

人份 3

扫一扫二维码
看视频同步做美食

草莓水果挞是季节性的限量甜品。草莓已经够美味、够营养。但蓝莓的加入使这款甜品更加健康，它具有防止和修复细胞受损的作用。小小的水果里释放出大大的营养价值。

材料 *Material*

挞皮

低筋面粉 /250 克
黄油 /100 克
蛋黄 /1 个
盐 /1 克

内馅

吉士粉 /20 克
牛奶 /60 毫升
柠檬汁 /2 毫升
柠檬皮 /1 克

装饰

草莓 / 适量
蓝莓 / 适量

工具 *Tool*

烤箱
圆形模具
挞模
叉子
裱花袋
橡皮刮刀
抹刀

制作 *Make*

1 黄油室温下软化后，打散，加入盐和蛋黄拌匀（图 1）。
2 倒入低筋面粉中拌匀，做成挞皮面团（图 2）。
3 案台撒粉，放上面团，压扁之后，用圆形模具压出圆形面皮，放入挞模里面，轻震几下，使面团贴合模具壁。
4 修整边缘，再用叉子在底部插几个孔，以防烘烤时面团鼓胀（图 3）。
5 放入预热好的烤箱，上火 180℃，下火 160℃，烤 15 分钟左右。
6 牛奶倒入吉士粉中拌匀，加入柠檬汁和柠檬皮搅拌均匀，制成内馅，装入裱花袋。
7 将内馅挤入烤好、放凉的挞皮中，抹平（图 4），摆上水果即可。

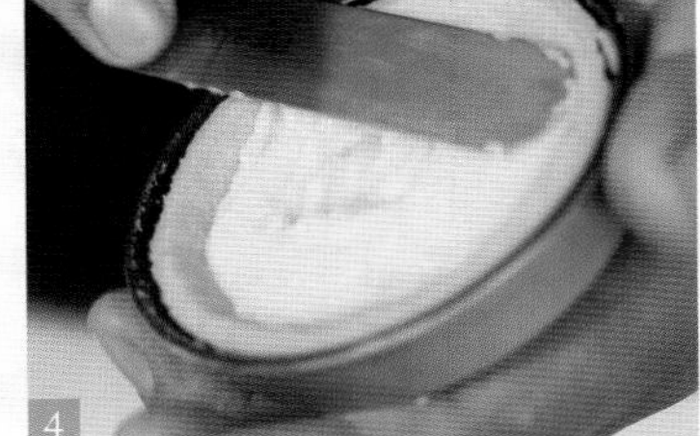

红红火火

草莓乳酪派

人份 ●●●●

派皮的酥脆口感，像曲奇饼干一样的香甜，还有芳香的草莓酱和香浓的乳酪混合馅，无与伦比的小资情调。

扫一扫二维码
看视频同步做美食

材料 Material

派皮

黄油 /125 克
糖粉 /125 克
鸡蛋 /50 克
低筋面粉 /250 克
泡打粉 /1 克

派馅

奶油芝士 /170 克
黄油 /60 克
细砂糖 /60 克
鸡蛋 /50 克
淀粉 /9 克
淡奶油 /35 毫升
草莓酱 /60 克

工具 Tool

长柄刮板，刮板，模具，玻璃碗，裱花袋，烤箱，擀面杖

制作 Make

1 制作派皮：把黄油倒在案台上，加入糖粉，用手充分搅拌均匀。再加入鸡蛋搅拌，使其与黄油充分融合。

2 加入低筋面粉和泡打粉继续搅拌，用擀面杖把派皮擀好后放入模具底部，使派皮紧贴其底部（图 1）。

3 把剩下的派皮擀成长条形，裹在模具的内边缘上。

4 用刮板在做好的派底部打孔排气（图 2），然后放入烤盘中并放进预热好的烤箱，上火 190℃，下火 150℃，烘烤约 15 分钟，烤至表皮微微发黄。

5 制作派馅：把奶油芝士和细砂糖放入玻璃碗中，用长柄刮板充分搅拌均匀，加入溶化好的黄油继续搅拌，再加入淡奶油搅拌。

6 分 2 次加入鸡蛋继续搅拌，最后加入淀粉搅拌均匀，制成馅料。

7 把调制好的派馅倒入烤好的派皮中，再把草莓酱用裱花袋挤入派馅中（图 3）。

8 把派放入预热好的烤箱中层，上火 90℃，下火 150℃烤约 25 分钟，取出烤好的派，装盘即可。

关键步骤 Committed step

Part 6

中西式小点 & 巧克力甜点

点心源自于埃及，到现在已经发展到世界各地，深受人们的喜爱。自古以来，中国人的饮食之道讲究养生、滋补。休闲时刻的一杯甜点，不含色素，让你里里外外都散发出无处不在的健康美丽。

最浓情的一抹红绿

抹茶红豆玛芬

人份 3

材料 Material

低筋面粉 /100 克
抹茶粉 /5 克
蜜红豆 /50 克
鸡蛋 /1 个
玉米油 /50 毫升
细砂糖 /50 克
牛奶 /60 毫升
泡打粉 /5 克

工具 Tool

玻璃碗
打蛋器
蛋糕杯
裱花袋
烤箱
橡皮刮刀
面粉筛

制作 Make

1 鸡蛋加细砂糖混合均匀，倒入牛奶混合均匀（图 1）。
2 将低筋面粉、抹茶粉和泡打粉混合均匀，过筛后分次加入鸡蛋牛奶液中拌匀。
3 分次倒入玉米油混合均匀，加入蜜红豆拌匀，制成面糊（图 2）。
4 将面糊装入裱花袋中，挤入蛋糕杯，接着撒上蜜红豆，放入预热好的烤箱中，上、下火 175℃，烤 25 分钟即可。

关键步骤 Committed step

1

扫一扫二维码
看视频同步做美食

2

制作笔记 *Notes*

粉类一定要先混合均匀，过筛后才能加入，以免因粉类结块而影响口感。

补血抗衰老

酸奶葡萄干玛芬

人份

酸奶葡萄干玛芬是一款养生的下午甜点，奶香芬芳，甜蜜四溢，下午茶的餐桌上怎么可以少了它的身影。

扫一扫二维码
看视频同步做美食

材料 Material

酸奶 /60 毫升
低筋面粉 /100 克
黄油 /50 克
葡萄干 /30 克
鸡蛋 /50 克
白糖 /35 克
泡打粉 /3 克

工具 Tool

玻璃碗
橡皮刮刀
打蛋器
电动打蛋器
烤箱
面粉筛
裱花袋
蛋糕杯

制作 Make

1 葡萄干洗净后用温水泡软。

2 将白糖倒入鸡蛋中，打发至湿性发泡，装入大碗（图 1）。

3 面粉和泡打粉混合后过筛，加入鸡蛋糊中拌匀，分次加入酸奶拌匀。

4 黄油隔水融化，保持温度在 40℃左右，分次加入面糊中。

5 再倒入一半泡软的葡萄干，留下数粒一会儿放在面糊表面（图 2）。

6 将面糊放入裱花袋，挤入蛋糕杯中，在其表面放几粒葡萄干（图 3）。

7 将蛋糕放入预热好的烤箱中，以上火 180℃、下火 150℃的温度，烤 20 分钟后，将烤盘转个方向，把上火温度调为 160℃，再烤 20 分钟出炉即可。

关键步骤 Committed step

1

2

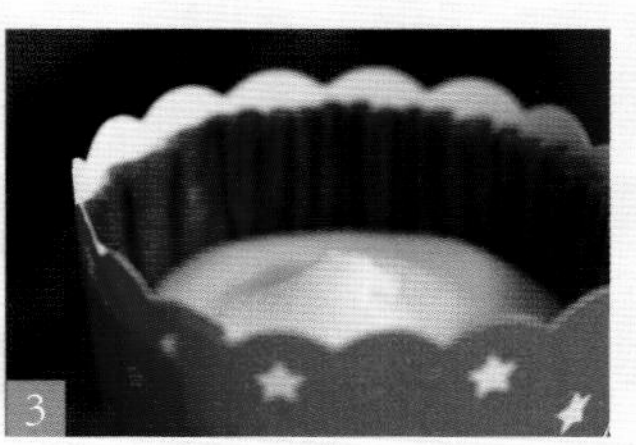

3

香甜贝壳

原味玛德琳

人份 2

扫一扫二维码
看视频同步做美食

玛德琳蛋糕是一种法国风味的小甜点，因其外形像贝壳，故又称为贝壳蛋糕。

材料 *Material*

黄油 /100 克
低筋面粉 /100 克
鸡蛋 /2 个
细砂糖 /80 克
泡打粉 /2 克

工具 *Tool*

刷子
模具
裱花袋
面粉筛
保鲜膜
烤箱
打蛋器
橡皮刮刀
冰箱

制作 *Make*

1 将鸡蛋、细砂糖混合搅拌至糖溶化（图 1）。
2 将低筋面粉和泡打粉过筛一次，再筛入蛋糊中切拌均匀，不要过度搅拌以免起筋（图 2）。
3 黄油隔水融化，在其温热时倒入蛋糊中切拌均匀（图 3）。
4 盖上保鲜膜放入冰箱冷藏 1 小时以上。
5 在模具内壁上刷上一层黄油，撒上少许低筋面粉。
6 取出面糊回温一下，搅拌均匀后装入裱花袋，挤入模具中，约八分满（图 4）。
7 将其放入预热好的烤箱，以上火 170℃，下火 150℃的温度，烤 15 分钟左右。
8 至其边缘呈金黄色，取出，轻敲模具扣在晾网上脱模晾凉。

关键步骤 *Committed step*

1

2

3

4

麦芬界的小清新
奶油麦芬蛋糕

人份 👤👤

制作精巧，奶香浓郁，味道精美，口感松软，让你在咽下第一口的瞬间就彻底爱上它的味道。

材料 Material

鸡蛋 /210 克
盐 /3 克
色拉油 /15 毫升
牛奶 /40 毫升
低筋面粉 /250 克
泡打粉 /8 克
打发植物鲜奶油 /90 毫升
糖粉 /160 克
彩针 / 适量

工具 Tool

电动打蛋器
裱花袋
裱花嘴
蛋糕杯
剪刀
烤箱
玻璃碗

制作 Make

1 把全蛋倒入碗中，加入糖粉、盐，快速搅匀。加入泡打粉、低筋面粉，搅成糊状。倒入牛奶，搅匀。
2 加入色拉油，搅拌，搅成顺滑的蛋糕浆。
3 把蛋糕浆装入裱花袋里，用剪刀剪开一小口，把蛋糕浆挤入烤盘蛋糕杯里，装六分满。
4 将蛋糕生坯放入预热好的烤箱里，上火 180℃，下火 160℃，烘烤 5 分钟至熟。
5 取出烤好的蛋糕，把打发好的植物奶油装入套有裱花嘴的裱花袋里，挤在蛋糕上，逐个撒上彩针即可。

制作笔记 Notes

蛋糕浆挤入蛋糕杯中时，不宜挤得太满，以免烘烤时溢出。

浓浓巧克力香

巧克力蛋糕卷

人份 2

软软的，绵绵的，入口即化，这就是蛋糕卷的魅力！再配上巧克力芳香浓郁的气息，绝对是下午茶的最佳选择！

材料 Material

鸡蛋 /216 克
白糖 /86 克
香草粉 /2 克
中筋面粉 /80 克
蛋糕油 /12 克
可可粉 /17 克
小苏打 /2 克
清水 /56 毫升
色拉油 /42 毫升

工具 Tool

电动打蛋器
长柄刮板
筛网
玻璃碗
木棍
蛋糕刀
烤箱
烘焙纸

制作 Make

1 把鸡蛋倒入玻璃碗中，放入白糖，用电动打蛋器拌匀。
2 加入中筋面粉、可可粉、小苏打、香草粉、蛋糕油，搅匀。
3 倒入清水，搅匀，加入色拉油，搅匀。
4 烤盘中铺上烘焙纸，倒入搅拌好的材料，用长柄刮板抹平。
5 将烤盘放入烤箱中，上、下火 170℃，烤 15 分钟至熟。
6 取出烤盘，将蛋糕扣在烘焙纸上，撕去蛋糕底部的烘焙纸。
7 用木棍将烘焙纸卷起，将蛋糕卷成卷，切成均匀的四段，再筛上适量可可粉即可。

制作笔记 Notes

做蛋糕卷时可加入适量玉米淀粉，这样做出的蛋糕口感会更细腻。

香蕉的另一种美味

巧克力香蕉麦芬

人份 👤👤👤

香蕉不仅是水果中的佳品，也是制作甜点的绝佳配料。香蕉的浓郁香味加上巧克力的丝丝顺滑，在这款甜点中发挥到极致。

扫一扫二维码
看视频同步做美食

材料 Material

香蕉 /120 克
低筋面粉 /100 克
泡打粉 /4 克
小苏打 /1 克
鸡蛋 /1 个
可可粉 /15 克
白砂糖 /65 克
植物油 /50 毫升
牛奶 /65 毫升
黑巧克力豆 /15 克

工具 Tool

玻璃碗
电动打蛋器
打蛋器
橡皮刮刀
蛋糕杯
烤箱
面粉筛
裱花袋

制作 Make

1 将香蕉放入碗中压成泥，加入白糖用电动打蛋器拌匀，接着加入鸡蛋打发均匀。
2 泡打粉、小苏打和可可粉加入过筛后的低筋面粉中混合均匀（图 1）。
3 将粉类分次加入香蕉糊中，搅拌均匀。
4 植物油分次加入牛奶中拌匀，然后加入面糊中拌匀。
5 将混合好的面糊装入裱花袋，再挤入蛋糕纸杯中，约七八分满，撒上黑巧克力豆（图 2）。
6 将烤盘放入预热好的烤箱中（图 3），以上火 180℃、下火 160℃，烤 20 ~ 25 分钟。

制作笔记 Notes

牛奶液加入香蕉面糊中的时候，切记不要搅拌过长时间，只要将粉类材料全部湿润就可以了，即使出现很多粗糙的疙瘩，也不要继续再搅拌了。

关键步骤 Committed step

1

2

3

心太软

巧克力熔岩蛋糕

人份

材料 Material

黑巧克力 /70 克
无盐黄油 /55 克
低筋面粉 /30 克
全蛋 /1 个
蛋黄 /1 个
细砂糖 /20 克
朗姆酒 /1 大勺
糖粉 / 少许

工具 Tool

小钢模
玻璃碗
橡皮刮刀
烤箱
面粉筛
冰箱
裱花袋
保鲜膜
打蛋器
刷子

扫一扫二维码
看视频同步做美食

制作 Make

1 将黄油和黑巧克力隔温水融化，混合均匀。
2 把蛋黄加入全蛋中，用手动打蛋器打散，加入白糖搅拌均匀（图 1）。
3 将蛋液慢慢加入到黄油巧克力液中，拌匀，加入朗姆酒，拌匀。
4 再加入过筛后的面粉拌匀成顺滑面糊，包上保鲜膜放入冰箱冷藏半小时或以上。
5 在小钢模里面刷上一层黄油，取出冷藏好的面糊，装入裱花袋，再挤入小钢模中，约八分满（图 2）。
6 将蛋糕放入预热好的烤箱，上火 220℃，下火 200℃，烤约 5 分钟。
7 蛋糕出炉后稍凉几分钟，然后小心脱模，撒上糖粉即可。

关键步骤 Committed step

1

2

制作笔记 *Notes*

没有朗姆酒的话，可以用清水代替。溶化黄油和巧克力，最好是隔温水搅拌慢慢溶化，水温不要太高，控制在40℃以下为好，温度太高巧克力风味会变。鸡蛋要用常温蛋，冰箱直接拿出来用的鸡蛋温度太低，会让面糊变得太过浓稠。

圆圆的蛋糕球

棒棒糖蛋糕

人份

棒棒糖蛋糕既给了人们对美的追求，也给了人们对食的渴望，精美的造型，香酥的口感，让人不由自主地喜爱。

扫一扫二维码
看视频同步做美食

材料 *Material*

鸡蛋 /2 个
低筋面粉 /105 克
无盐黄油 /60 克
白砂糖 /40 克
泡打粉 /4 克
巧克力 / 适量
装饰彩针 / 适量

工具 *Tool*

玻璃碗
电动打蛋器
打蛋器
橡皮刮刀
棒棒糖模具
耐烤高温垫
面粉筛
裱花袋
烤箱
纸棒

制作 *Make*

1 鸡蛋倒入碗中，用电动打蛋器打散，分多次加入白砂糖进行打发（图 1）。
2 将低筋面粉和泡打粉混合，搅拌均匀后过筛，倒入鸡蛋糊中拌匀。
3 加入融化后的黄油，并搅拌均匀，制成面糊。
4 把面糊装入裱花袋，挤到模具里（图 2）。
5 挤至九分满后，将模具上层盖好，放入垫有高温垫的烤盘中，送入烤箱，上火 170℃、下火 160℃，烤 20 分钟。
6 烤好后趁热脱模，插上纸棒（图 3）。
7 将巧克力隔水溶化成液体，将棒棒糖蛋糕裹上一层巧克力，撒上彩针随意装饰即可。

关键步骤 *Committed step*

1

2

3

迷人的早餐蛋糕

巧克力玛芬

人份 👤👤👤

扫一扫二维码
看视频同步做美食

巧克力玛芬蛋糕颜色浓重、充满香气。可可和黄油的搭配，使烤出来的蛋糕充满诱惑。熟睡一夜之后，吃一块巧克力玛芬来唤醒大脑，再配上一杯红茶，真是一个不错的选择。

材料 *Material*

低筋面粉 /200 克
烘焙用黑巧克力 /100 克
黄油 /150 克
盐 /2 克
泡打粉 /5 克
牛奶 /100 毫升
无糖可可粉 /20 克
鸡蛋 /3 个
糖 /140 克
巧克力豆 / 适量

工具 *Tool*

玻璃碗
橡皮刮刀
打蛋器
蛋糕杯
面粉筛
烤箱
电动打蛋器
裱花袋

制作 *Make*

1 将巧克力和黄油分别隔水加热溶化，混合搅拌均匀后备用（图 1）。
2 鸡蛋加入牛奶和糖搅拌均匀。
3 泡打粉、可可粉依次加入低筋面粉中拌匀后过筛，加入盐拌匀（图 2）。
4 分次加入鸡蛋牛奶混合液中切拌均匀。
5 加入黄油巧克力混合液，用打蛋器高速搅打 3 分钟（图 3）。
6 把打好的面糊装入裱花袋，挤入纸杯中约八分满，再放入少许巧克力豆装饰（图 4）。
7 将玛芬放入预热好的烤箱中，上、下火 175℃，烤 30 分钟即可。

关键步骤 *Committed step*

1

2

3

4

给你万千宠爱

格格蛋糕

人份 2

小小的方块状，金黄的颜色，柔软细腻，入口即化，轻轻入口，醇香弥漫。整个身心便陶醉于柔情蜜意之中，给你万千宠爱于一身的享受。

材料 Material

鸡蛋 /250 克
白糖 /112 克
低筋面粉 /170 克
小苏打 /1 把
泡打粉 /2 克
色拉油 /50 毫升
奶粉 /5 克
牛奶 /38 毫升
清水 /46 毫升

工具 Tool

电动打蛋器
刮板
蛋糕刀
烤箱
玻璃碗
油纸

制作 Make

1 取一大碗，放入白糖，倒入备好的鸡蛋，快速地搅拌一会儿，至鸡蛋四成发。
2 倒入面粉、小苏打、泡打粉，撒上奶粉，拌匀，放入少许色拉油，拌匀，至食材充分融合。
3 注入清水，边倒边搅拌，再慢慢倒入牛奶，搅拌匀。
4 淋入备好的色拉油，拌匀，至材料柔滑，倒入垫有油纸的烤盘中，铺开、摊平，待用。
5 烤箱预热，放入烤盘，以上、下火均为 160℃的温度烤约 20 分钟，至食材熟透。
6 断电后取出烤熟的蛋糕，放凉后去除油纸，再均匀地切上条形花纹，再分成小块即可。

制作笔记 Notes

条形花纹不宜切得太深，倒入的蛋糕浆不能太多，否则烘烤时会溢出烤盘，影响美观。

粤菜风味名点

芒果糯米糍

人份

芒果糯米糍是广东一带的汉族风味名点，属于粤菜系，口味香甜，形式圆巧可爱。

材料 *Material*

糯米粉 /90 克
椰浆 /150 毫升
糖粉 /50 克
蛋黄 /15 克
椰蓉 /20 克
牛奶 /50 毫升
黄油 /15 克
芒果 /150 克
玉米淀粉 /10 克

工具 *Tool*

玻璃碗
手动打蛋器
瓷碗
蒸锅
筷子
冰箱
电子秤
保鲜膜
刀

制作 *Make*

1 椰浆、牛奶、蛋黄、糖粉、溶化成液态的黄油等配料全部放入大碗里，搅拌均匀，倒入糯米粉、玉米淀粉，继续用手动打蛋器搅拌均匀，成糊状。

2 将混合物倒入容器中，盖上一层保鲜膜，放入蒸锅，大火上汽后转中火蒸 20 分钟。

3 面糊蒸熟稍冷却后，用筷子用力地搅拌糯米面团，使它光滑细腻。

4 搅拌好以后，冷却，放入冰箱冷藏 1 ～ 2 小时。

5 将芒果肉切成小丁备用。

6 把冷却的糯米面团称 25 克 / 份，手掌沾一些熟糯米粉防黏，将面团压扁，面团中央放几粒芒果丁，包起来。

7 包好的面团，放在椰蓉里滚一圈，使它表面粘上一层椰蓉，这样芒果糯米糍就做好了，放入冰箱冷藏保存 4 小时后食用，口感更佳。

小清新的诱惑

芙纽多

人份 3

金黄色的表皮，皱皱的样子非常有质感，看一眼就有想尝一口的欲望。嫩滑的口感，让你一尝就爱上的小清新甜点。

扫一扫二维码
看视频同步做美食

材料 *Material*

淡奶油 /200 毫升
牛奶 /160 毫升
鸡蛋 /80 克
细砂糖 /36 克
低筋面粉 /36 克
黄油 /18 克
蔓越莓干 /40 克

工具 *Tool*

烤箱
模具
电动打蛋器
奶锅
橡皮刮刀
面粉筛
量杯

制作 *Make*

1 鸡蛋加细砂糖用电动打蛋器打至起泡。
2 加入淡奶油搅拌均匀后，再加入牛奶拌匀。
3 接着加入低筋面粉拌匀（图 1），混合液过筛后倒入量杯中。
4 然后将混合液倒入模具中（图 2），撒上蔓越莓干。
5 黄油倒入奶锅中用小火熬成焦黄色，倒入装有面糊的模具。
6 将蛋糕生坯放入预热好的烤箱中（图 3），以上、下火 180℃的温度，烤 25 分钟，根据上色情况，烘烤时间可延长 3 ~ 5 分钟。

关键步骤 *Committed step*

1

2

3

艺术范

苹果玫瑰花

人份

材料 Material

主料

低筋面粉 /100 克
黄油 /30 克
苹果 /2 个

辅料

白糖 /30 克
清水 /250 毫升
蜂蜜 /3 克
糖粉 / 适量
柠檬汁 / 几滴

工具 Tool

奶锅
玻璃碗
擀面杖
刀
蛋糕模
烤箱
刷子

扫一扫二维码
看视频同步做美食

制作 Make

1 苹果对半切开，切片。
2 锅里倒入清水，然后倒入白糖，挤几滴柠檬汁，煮成糖浆，放入苹果片。
3 将苹果片煮约 1 分钟至软，捞起沥干水分，糖水留用。
4 黄油倒入大碗中，加入面粉混合，用手将黄油和面粉搓均匀。
5 倒入适量糖水搅拌均匀，倒在案台上用手和成面团，再用擀面杖擀成片，越薄越好。
6 将面片切成长条，煮好的苹果片在长条面片上后一个压前一个依次摆放好（图 1），从右向左卷起来，封口处捏紧。
7 卷好的苹果玫瑰花整理好，放入蛋糕模里（图 2）。
8 将生坯放入预热好的烤箱，以上火 170℃、下火 150℃的温度，烤 20 ~ 25 分钟，出炉前 5 分钟左右刷上蜂蜜，完成烘烤，出炉后撒上糖粉即可。

关键步骤 Committed step

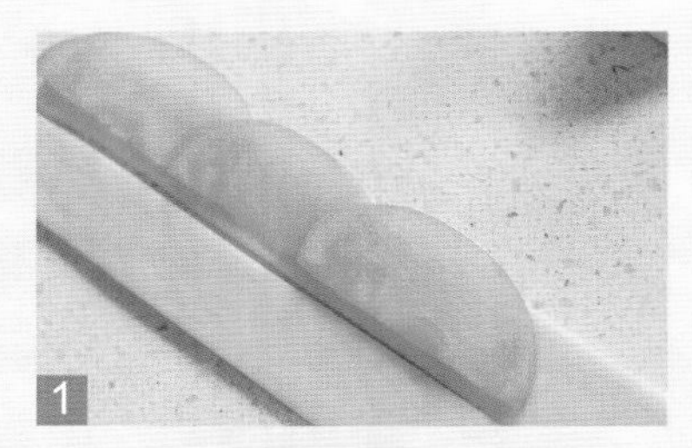

1

2

制作笔记 *Notes*

因为苹果煮后比较酸，所以要用糖水，不要煮太久，1分钟就足够了，煮过苹果的糖水记得不要倒掉，后面制作面团时可使用。

可以喝的巧克力饼干

曲奇牛奶杯

人份 👤👤👤

扫一扫二维码
看视频同步做美食

曲奇牛奶杯是法国厨师Dominique Ansell创作出的作品。这是牛奶与曲奇的完美融合，Dominique Ansell将巧克力曲奇变成了3D的杯子形状，并把香草牛奶倒入巧克力曲奇杯中，使曲奇的味道更加香醇。

材料 *Material*

红糖 /65 克
细砂糖 /45 克
黄油 /85 克
蛋黄 /1 个
低筋面粉 /180 克
黑巧克力 /80 克
牛奶 / 适量

工具 *Tool*

橡皮刮刀
刮板
玻璃碗
钢杯
刷子
量杯
烤箱

制作 *Make*

1 黄油隔水溶化。
2 将细砂糖倒入红糖中拌匀，分别加入黄油、蛋黄搅拌均匀。
3 加入面粉稍加搅拌后，在案台撒少许面粉，把材料倒在案台上切拌均匀。
4 在钢杯内部刷一层薄薄的软化后的黄油，取一团面团放在模具内，按压成杯子的形状（图 1）。
5 将杯子边缘刮平整，放入预热好的烤箱中（图 2），上火 170℃，下火 160℃，烤 15 ~ 20 分钟。
6 取出烤好的杯子曲奇，放凉。
7 黑巧克力隔水加热溶化，在曲奇杯冷却后用刷子将巧克力液均匀刷到杯子的内壁上，不留缝隙（图 3）。
8 将牛奶倒入量杯中，再倒入曲奇杯即可（图 4）。

关键步骤 *Committed step*

1

2

3

4

女生的最爱
甜心巧克力

人份 ♟♟♟

巧克力酱的浓郁，淡奶油的鲜香，在鲜果樱桃的装饰下，愈发诱人。

扫一扫二维码
看视频同步做美食

材料 Material

派底

黄油 /80 克
糖粉 /45 克
低筋面粉 /137 克
可可粉 /10 克
蛋黄 /15 克

派心

淡奶油 /500 毫升
巧克力 /200 克
牛奶 /80 毫升
吉利丁 /15 克
朗姆酒 /10 毫升

装饰

可可粉 / 少许
巧克力碎 / 少许
樱桃 / 少许

工具 Tool

擀面杖，剪刀，派模，长柄刮板，打蛋器，电动打蛋器，不锈钢盆，面粉筛，玻璃碗，刮板，烤箱

制作 Make

1 把黄油、糖粉倒入玻璃碗中搅拌，再加入蛋黄、可可粉、低筋面粉搅拌均匀，倒在案台上用擀面杖擀成面饼（图 1），然后装入派模用刮板进行整形。

2 将剩余的材料擀成条状，绕派模内部一圈（图 2），用剪刀在派底部戳上小孔，放进烤箱，上火 180℃，下火 160℃，烘烤约 20 分钟，取出冷却，制成派底。

3 把牛奶、巧克力、朗姆酒、软化后的吉利丁倒入不锈钢盆中，隔水加热，用打蛋器搅拌均匀，做成巧克力酱。

4 用电动打蛋器将淡奶油打至五成发，分次加入巧克力酱翻拌均匀，制成派心。

5 把派心倒进冷却好的派底中静置约 15 分钟。

6 在派上筛上可可粉，用巧克力碎、樱桃等进行装饰即可。

关键步骤 Committed step

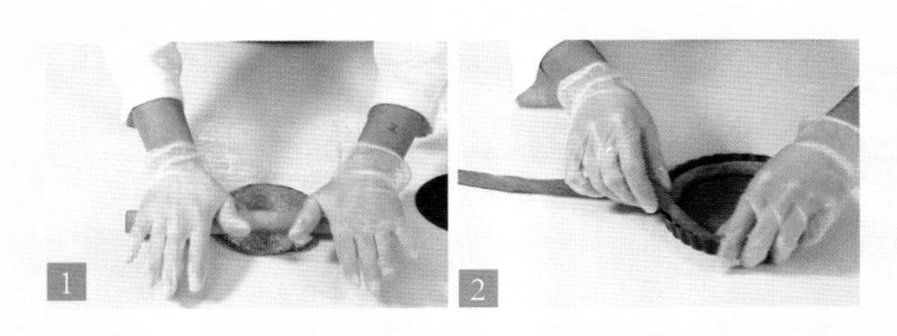

甜蜜享受

巧克力司康

人份 👤👤👤👤

司康是一种美味的下午茶点心，属于快手面包系列，现发现做，快来一起尝试做这款又软又酥的司康吧。

材料 Material

高筋面粉 /90 克
糖粉 /30 克
鸡蛋 /1 个
低筋面粉 /90 克
黄油 /50 毫升
鲜奶油 /50 毫升
泡打粉 /3 克
黑巧克力液 / 适量
白巧克力液 / 适量
蛋黄 / 适量

工具 Tool

刮板
擀面杖
圆形模具
刷子
烤箱
筷子

制作 Make

1 将高筋面粉、低筋面粉混匀开窝，倒入黄油、糖粉、泡打粉、全蛋、鲜奶油，混合揉搓成湿面团。

2 将面团擀成约 2 厘米厚的面皮。用较大的模具压出圆形面坯，再用较小的模具在面坯上压出环状压痕。

3 将环形内的面皮撕开，把生坯放在案台上，静置至其中间成凹形，再放入烤盘里，刷上适量蛋黄液。

4 把生坯放入预热好的烤箱里，上火 160℃、下火 160℃，烤 15 分钟至熟。

5 打开箱门，把烤好的司康取出；把司康装入盘中，倒入适量白巧克力液。

6 用筷子蘸少许黑巧克力液，在司康上划圈，划出花纹，待稍微放凉后即可食用。

法式圆形小巧甜点
马卡龙

人份 2

繁复多变的颜色，再搭上绝佳的口味调配，小巧美味而精致，给人视觉与味觉的双重满足，深受食客的喜爱。

材料 *Material*

杏仁粉 /50 克
柠檬汁 /3 毫升
糖粉 /50 克
可可粉 /7 克
蛋清 /35 毫升
糖粉 /33 克

工具 *Tool*

料理机
面粉筛
裱花袋
油布
烤箱
橡皮刮刀

制作 *Make*

1 糖粉、杏仁粉一起放入食品料理机打半分钟，直到打成十分细腻的粉末，用手搓一搓，把结块搓散，不需要过筛。
2 将可可粉筛入杏仁糖粉里，混合均匀。
3 在粉类混合物里倒入一半的蛋清，用刮刀充分搅拌，混合均匀，使结块散开，成为细腻的泥状。
4 分两三次加入剩下的蛋清，搅拌至用刮刀挑起面糊，面糊会不断开地滴落，且滴落的面糊纹路会非常缓慢的消失，制成马卡龙面糊。
5 将拌好的面糊装入裱花袋，在铺了油布的烤盘上挤出圆形面糊。
6 将烤盘放在通风的地方晾干片刻，直到用手轻轻按面糊表面，不粘手并且形成一层软壳，就可以放入烤箱，上、下火 140℃，烘烤 13 分钟即可。

趣味萌宠

猫爪棉花糖

人份

猫爪棉花糖以其萌宠的造型抓住了小朋友和大朋友的心，棉花糖松松软软，有一定的弹性和韧性。弹入你心，甜在你心。

扫一扫二维码
看视频同步做美食

材料 Material

吉利丁粉 /10 克
白糖 /150 克
水 /40 毫升
蛋清 /40 毫升
粟粉 /300 克
食用色素 / 少许

工具 Tool

烤盘
刮板
奶锅
电磁炉
打蛋器
橡皮刮刀
裱花袋
玻璃碗
电动打蛋器
擀面杖

制作 Make

1 准备一个无水无油、干燥的烤盘，把粟粉倒入烤盘中，抹平。
2 用擀面杖在粟粉上按压出小窝，小窝之间要有一定的距离。
3 奶锅置于电磁炉上，倒入水和 120 克白糖，加热到糖溶化。
4 倒入吉利丁粉，搅拌均匀，制成糖浆。
5 蛋清倒入大碗中，加入 30 克白糖稍加打发（图 1），倒入糖浆打发至出现细泡。
6 将部分混合物用橡皮刮刀装入裱花袋中，挤入烤盘中的小窝里面，放置一旁。
7 将少许食用色素加入剩下的混合物中拌匀，装入裱花袋中（图 2）。
8 在棉花糖坯上面画上猫爪（图 3），室温下放置一晚，使棉花糖坯风干即可。

关键步骤 Committed step

1

2

3

软硬皆可的

牛轧糖

人份 👤👤👤

扫一扫二维码
看视频同步做美食

牛轧糖泛指由烤果仁和蜜糖制成的糖果，分软硬两种。软的是以蛋白制成的白色牛轧糖，硬的为咖啡色，以焦糖制成，口感坚硬带脆。

材料 *Material*

棉花糖 /300 克
无盐黄油 /60 克
全脂无糖奶粉 /200 克
去皮熟花生米 /300 克

工具 *Tool*

玻璃碗
油纸
铲子
擀面杖
电磁炉
炒锅
刀

制作 *Make*

1 开小火溶化黄油，完全溶化后放入棉花糖。
2 慢慢翻拌棉花糖，直到与黄油完全溶合并融化。
3 倒入奶粉，用手配合铲子快速拌匀。
4 倒入切碎的花生米，继续拌匀（图 1）。
5 揉匀后放到铺了油纸的案板上（图 2），上面再盖一层油纸。
6 用擀面杖快速将牛轧糖擀平至想要的厚度（图 3）。
7 牛轧糖放凉后，切件食用即可（图 4）。

关键步骤 *Committed step*

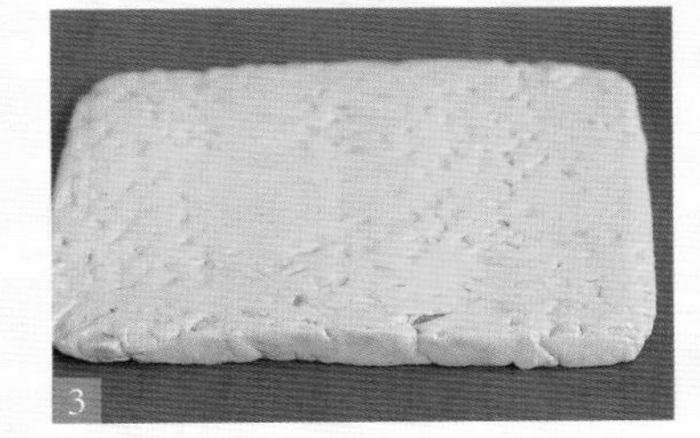

Part 7

日常茶点，
陪你度过温情时刻

温暖的周末，约上三两个朋友，闲谈的时候总是会觉得少点什么。精致的小甜点会让你们轻松地进入状态。不仅能补充人体基本的能量，同时也放松心情。

Q 版馒头

蜂蜜蛋奶球

人份 👤👤

材料 Material

糖粉 /15 克
奶粉 /25 克
低筋面粉 /20 克
马铃薯淀粉 /140 克
蜂蜜 /1 大勺
黄油 /50 克
鸡蛋 /1 个
泡打粉 /3 克

工具 Tool

玻璃碗
奶锅
烤箱
打蛋器
橡皮刮刀
刮板

制作 Make

1 鸡蛋倒入大碗中，加入蜂蜜和糖粉拌匀（图 1）。
2 黄油倒入奶锅，加热溶化后倒入蛋液中。
3 蛋液中加入奶粉拌匀，接着加入低筋面粉、泡打粉分别拌匀，分次加入马铃薯淀粉稍加拌匀后，倒在案台上完全搅拌均匀成面团。
4 将面团分割揉成小颗粒状，做成蛋奶球生坯，摆在烤盘中（图 2），放入预热好的烤箱中，上火 160℃，下火 130℃，烤 15 ~ 20 分钟。

关键步骤 Committed step

1

2

扫一扫二维码
看视频同步做美食

制作笔记 *Notes*

奶粉在空气中容易结块，在使用前记得将结块的奶粉搓散，以免影响口感。

比爱情更甜蜜的
焦糖布丁

人份

焦糖布丁的原料简单易寻，但是做出来的味道却并不简单。布丁的细腻柔滑，焦糖的独特甜蜜，使焦糖布丁散发出令人着迷的味道。

材料 *Material*

细砂糖 /90 克
水 /28 毫升
牛奶 /240 毫升
蛋黄 /50 克
鸡蛋 /120 克
香草精 / 数滴

工具 *Tool*

电磁炉
奶锅
打蛋器
量杯
保鲜膜
瓷杯
筛子
烤箱
玻璃碗

制作 *Make*

1 将奶锅置于电磁炉上，倒入 60 克细砂糖、清水，开小火加热。
2 当糖液变成金黄色时，迅速倒入瓷杯模具底部冷却，做成焦糖底。
3 将全蛋和蛋黄倒入大碗中，加 30 克细砂糖拌匀。
4 牛奶倒入奶锅中，倒入香草精，煮至牛奶温度为 40 ~ 60℃之间，慢慢倒入蛋液中，边搅拌蛋液边加入牛奶，制成布丁液。
5 将布丁液过筛入量杯中，再用保鲜膜贴在布丁液表面，隔离气泡。
6 将布丁液倒入瓷杯中，约八分满，瓷杯放入烤盘中。
7 在烤盘中倒入一层清水，将烤盘放入预热好的烤箱，上、下火 145℃，烤 50 分钟左右。
8 取出烤好的布丁，放凉即可。

扫一扫二维码
看视频同步做美食

难以割舍的爱

芒果班戟

人份 2

芒果班戟，名字虽然奇怪，但做起来却简单速成。它是一种经典的港式甜品，松软的面皮下藏着奶油包裹的芒果，美味全都融入嘴里。

扫一扫二维码
看视频同步做美食

材料 *Material*

牛奶 /120 毫升
芒果 /1 个
黄油 /8 克
鸡蛋 /25 克
低筋面粉 /45 克
糖粉 /10 克
淡奶油 /100 毫升
白砂糖 /30 克

工具 *Tool*

玻璃碗
平底锅
面粉筛
奶锅玻璃碗
平底锅
面粉筛
奶锅
电动打蛋器
水果刀

制作 *Make*

1 鸡蛋倒入大碗中，加入糖粉搅拌均匀，勿打发。
2 倒入牛奶搅拌均匀，筛入低筋面粉拌匀。
3 黄油倒入奶锅，加热融化后，倒入蛋奶糊中，搅拌均匀，过筛至干净的碗中，静置半小时。
4 平底锅小火，倒入适量的蛋奶糊，摊成圆形，无需放油，也无需翻面，凝固即可取出。
5 淡奶油加入白砂糖打发至干性发泡，即可以明显看到花纹不消失的状态。
6 将打发好的奶油放入摊好冷却后的面皮中，摆上芒果丁，折叠好，收口朝下即可。

制作笔记 *Notes*

蛋奶糊过筛后再摊成面皮，可以使芒果班戟的口感更加细腻。

甜在心间的

脆皮香草泡芙

人份 👤👤👤

材料 Material

脆皮

黄油 /80 克
糖粉 /40 克
低筋面粉 /100 克

馅料

蛋黄 /4 个
香草荚 / 半条
牛奶 /300 毫升
低筋面粉 /15 克
玉米粉 /15 克
细砂糖 /40 克

泡芙

全蛋 /4 个
低筋面粉 /120 克
牛奶 /150 毫升
盐 /2 克
黄油 /80 克

工具 Tool

玻璃碗，打蛋器，奶锅，电磁炉，小刀，保鲜膜，不锈钢盆，橡皮刮刀，烤箱，冰箱，面粉筛，裱花袋，裱花嘴，油纸

扫一扫二维码
看视频同步做美食

制作 Make

1 制作脆皮：将软化好的黄油加入糖粉搅拌，再加入低筋面粉，拌均后整型成圆柱形，放入冰箱冷藏 1 小时以上。

2 制作内馅：把蛋黄倒入大碗中打散，倒入白糖拌匀后，再倒入玉米粉拌匀，接着加入低筋面粉拌匀，制成蛋黄糊。

3 牛奶倒入奶锅中，加热，用小刀划破香草荚，取出香草籽，放入牛奶中，稍加搅拌，一起煮沸腾。

4 取下奶锅，将蛋黄糊慢慢倒入奶锅中，边倒边搅拌，拌匀后重新放回电磁炉上加热至浓稠的状态。

5 再次取下奶锅，将面糊倒入玻璃碗中，趁热用保鲜膜贴住香草馅面糊顶部，以防表面结皮，放置一旁静置。

6 制作泡芙胚：不锈钢盆里倒入牛奶、盐、黄油，放置电磁炉上加热至沸腾，过程中稍加搅拌，使黄油更易化开，倒入过筛后的低筋面粉，快速搅拌成团后离火，分 4 次加入全蛋，用打蛋器拌均至提起面糊成倒立三角形。

7 将泡芙坯装入套有裱花嘴的裱花袋，挤入垫有油纸的烤盘中（图 1）。

8 取冷藏好的脆皮，切成片（图 2），铺在泡芙坯上面，放入预热好的烤箱中，上、下火 190℃，烤 30 分钟。

9 取出烤好的泡芙，放在烤网上放凉后，在其顶部切开一个小口，

关键步骤 Committed step

1

2

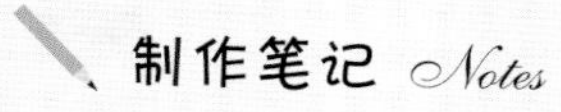

制作笔记 *Notes*

将蛋黄糊加入牛奶中时，一定要记得先取下奶锅，避免高温加热使蛋黄煮熟，凝固成块。

冰激凌般的美味

木糠杯

人份

木糠杯，之所以叫木糠，是因为那一层层的饼干碎屑形成木糠而得名，跟奶油结合在一起冷藏之后的口感很像冰激凌。

扫一扫二维码
看视频同步做美食

材料 *Material*

淡奶油 /200 毫升
玛丽亚饼干 /180 克
炼乳 /45 毫升

工具 *Tool*

擀面杖
保鲜袋
玻璃碗
裱花袋
圆杯
冰箱
电动打蛋器

制作 *Make*

1 饼干装入保鲜袋中，用擀面杖压碎，倒入碗中（图 1）。
2 炼乳倒入淡奶油中打发至湿性发泡（图 2），装入裱花袋。
3 在透明圆杯中，铺上一层饼干碎，再挤上一层打发好的奶油，再次铺上一层饼干碎，用擀面杖轻轻抹平，再次挤上一层奶油，重复以上操作，最上面一层铺上饼干碎（图 3）。
4 将杯子放入长盘中，送进冰箱冷冻半小时即可。

关键步骤 *Committed step*

1

2

3

来一杯清凉

抹茶布丁

人份

好吃的布丁深受人们的喜爱，不论在哪里，几乎每一家甜品店都会有这类甜品。嫩嫩的，滑滑的，淡淡的抹茶味，满足你想象中冰凉爽滑的口感。

材料 Material

牛奶 /200 毫升
抹茶粉 /5 克
细砂糖 /30 克
淡奶油 /150 毫升
吉利丁 /5 克
蜜红豆 / 适量

工具 Tool

玻璃碗
奶锅
面粉筛
布丁杯
冰箱
打蛋器

制作 Make

1 吉利丁放入冷水中泡软。
2 淡奶油倒入大碗中，倒入牛奶，混合均匀后倒入奶锅中，小火加热。
3 放入细砂糖，搅拌至糖溶化。
4 抹茶粉过筛加入牛奶中，用手持打蛋器搅拌成均匀的抹茶牛奶。
5 关火，放入沥干水的吉利丁，拌匀。
6 将抹茶牛奶液倒入布丁杯中，再放入冰箱冷藏到布丁不流动。
7 品尝时如喜欢，可放适量蜜红豆，口感会更丰富。

扫一扫二维码
看视频同步做美食

精致小甜品

椰香奶冻

人份

牛奶和椰浆的搭配非常健康而且营养，做成的奶冻细腻滑嫩，外形精致小巧，但口感却极佳，简单也可以很美味，是闲时的居家小零食。

材料 Material

淡奶油 /100 毫升
纯牛奶 /100 毫升
椰浆 /100 毫升
吉利丁片 /2 片
细砂糖 /40 克
冰水 / 适量
椰蓉 / 适量

工具 Tool

密封盒
保鲜膜
奶锅
冰箱
打蛋器
刀
玻璃碗

制作 Make

1 用冰水将吉利丁片泡软。
2 取一个密封盒，在里面铺好保鲜膜备用，有利于做好之后的脱模。
3 将纯牛奶、淡奶油、椰浆、细砂糖倒入奶锅中，加热搅拌至细砂糖完全溶化后离火。
4 取出泡软的吉利丁，沥干水后放入奶锅中，溶解吉利丁片，然后倒入准备好的铺有保鲜膜的盒子中。
5 将混合液放入冰箱冷藏 4 ~ 5 小时以上至完全凝固成形后切块，每块均匀滚上椰丝。
6 装盘食用即可。

扫一扫二维码
看视频同步做美食

香酥诱人的可口小点心

黄金椰蓉球

人份

扫一扫二维码
看视频同步做美食

黄金椰蓉球是由黄油、鲜奶、椰蓉等食材做成的美食。椰丝的爽口、黄油的香融合在一起，好想让人咬一口！

材料 *Material*

椰蓉 /100 克
蛋黄 /2 个
糖粉 /20 克
炼乳 /20 毫升
黄油 /30 克
牛奶 /20 毫升
低筋面粉 /35 克

工具 *Tool*

打蛋器
橡皮刮刀
烤箱
玻璃碗
电动打蛋器
电子秤

制作 *Make*

1 黄油用打蛋器稍微打发，分 2 次加入 2 个蛋黄，搅拌均匀（图 1）。
2 加入糖粉、炼乳、牛奶拌匀。
3 加入椰蓉、低筋面粉拌匀，制成面团（图 2）。
4 将面团分成 10 克 / 个，揉圆放入烤盘（图 3）。
5 烤箱预热，把烤盘放进烤箱（图 4），上、下火 160℃，烤 20 分钟即可。

关键步骤 *Committed step*

1

2

3

4

香酥不腻

皇家曲奇饼干

人份 3

材料 Material

黄油 /80 克
细盐 /1 克
香草精 /0.8 毫升
糖粉 /50 克
低筋面粉 /115 克
奶粉 /5 克
淡奶油 /42 毫升

工具 Tool

裱花袋
裱花嘴
玻璃碗
橡皮刮刀
电动打蛋器
油纸
烤箱

扫一扫二维码
看视频同步做美食

制作 Make

1 将室温软化的黄油用电动打蛋器低速打散。

2 加入糖粉，用电动打蛋器低速搅拌，再转为中速搅打均匀。

3 将香草精倒入淡奶油中拌匀，再分 2 次加入黄油中，每次搅打均匀后，再加入下一次。

4 将黄油混合物搅打至色泽变为浅黄色时停下（图 1）。

5 将奶粉加入低筋面粉中，接着加入盐拌匀，倒入黄油面糊中，用刮刀拌匀至看不到面粉颗粒，制成饼干面糊。

6 将饼干面糊装入套有裱花嘴的裱花袋中，挤在垫有油纸的烤盘上（图 2），注意曲奇之间要保持一定的间距，因为烘烤时饼干会膨胀。

7 把烤盘放入预热好的烤箱中，以上火 160℃、下火 120℃的温度烤 15 ~ 20 分钟后，取出饼干放凉即可。

关键步骤 Committed step

1

2

制作笔记 *Notes*

根据曲奇上色程度决定烘烤时间，若曲奇表面上色较重，但是中间却未烤熟，可以将温度转为上火150℃，下火100℃，烘烤5分钟。

松脆的秘诀很简单

椰丝小饼

人份

酥脆的饼干，融入香浓的椰丝，无论是口感还是味道，都很适宜。

扫一扫二维码
看视频同步做美食

材料 Material

低筋面粉 /50 克
黄油 /90 克
鸡蛋液 /30 毫升
糖粉 /50 克
椰丝末 /80 克

工具 Tool

烘焙纸
烤箱
长柄刮板
裱花袋
裱花嘴

制作 Make

1 将黄油倒在案台上，倒入糖粉用长柄刮板充分和匀。
2 倒入鸡蛋液、低筋面粉、椰丝末，然后用刮板充分搅拌和匀（图 1）。
3 将和好的面糊装入裱花袋中（图 2），以画圈的方式挤成若干的生坯，置于铺好烘焙纸的烤盘上（图 3）。
4 将烤盘放入预热好的烤箱中，上火 180℃，下火 130℃，烤 10 ~ 15 分钟至饼干表面呈金黄色。
5 打开烤箱，将烤盘取出，将烤好的食材摆放在盘中即可。

制作笔记 Notes

烤好的饼干应该要及时地放在密闭的盒子中保存。如果饼干受潮，可以再烘烤几分钟，去除水分就可以了。

关键步骤 Committed step

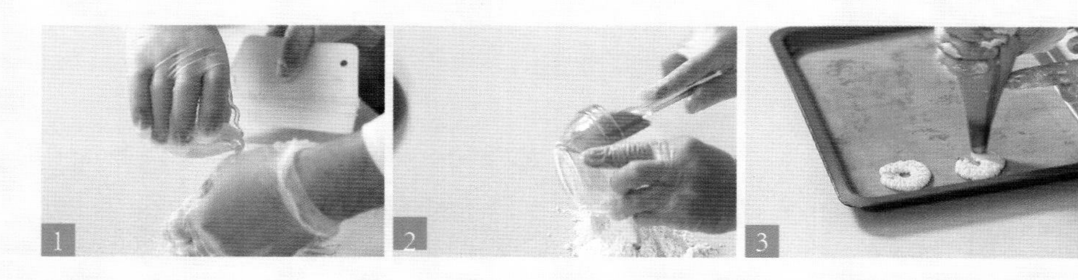

意大利甜点

提拉米苏

人份 👤👤👤

提拉米苏是意大利甜点的代表，是一款带着咖啡酒香的蛋糕，质感湿滑细腻，甜中带苦，深受大家的喜爱。

材料 *Material*

芝士糊

蛋黄 /2 个
蜂蜜、细砂糖 / 各 30 克
芝士 /250 克
动物性淡奶油 /120 毫升
蛋糕 / 数片
水果 / 适量
可可粉 / 适量

咖啡酒糖液

咖啡粉 /5 克
水 /100 毫升
细砂糖 /30 克
朗姆酒 /35 毫升

工具 *Tool*

打蛋器
电动打蛋器
蛋糕杯
裱花袋
面粉筛
长柄刮板
玻璃碗
冰箱

制作 *Make*

1 在玻璃碗中将芝士打散后加入细砂糖搅拌均匀。
2 加入蛋黄搅拌均匀，然后加入加热好的蜂蜜，用打蛋器搅拌均匀。
3 用电动搅拌器打发动物性淡奶油，打发好后加入芝士糊中，用长柄刮板将其搅拌均匀。
4 把水烧开，然后加入咖啡粉拌匀，倒入细砂糖和朗姆酒搅拌均匀，制成咖啡酒糖液。
5 蛋糕杯底放上蘸了咖啡酒糖液的蛋糕，用裱花袋把芝士糊挤入杯中约三分满。
6 再加入蛋糕，然后倒入剩下的芝士糊约八分满，完成后移入冰箱冷冻半小时以上。
7 取出冻好的提拉米苏，筛上可可粉，用水果装饰即可。

创意无限

巧克力脆棒

人份

颗粒分明的巧克力豆被饼干紧紧包裹，形状如手指饼干一样呈条状，但味道却比简单的手指饼干要丰富。

材料 *Material*

黄油 /75 克
细砂糖 /50 克
鸡蛋 /1 个
低筋面粉 /110 克
可可粉 /10 克
泡打粉 /1 克
巧克力豆 /25 克

工具 *Tool*

玻璃碗
长柄刮板
刮板
砧板
烤箱
刀
打蛋器
冰箱
烘焙纸

制作 *Make*

1 用长柄刮板将软化后的黄油刮入玻璃碗中，然后加入细砂糖拌匀。
2 将鸡蛋加入黄油中，用打蛋搅拌好后呈乳膏状，再加入低筋面粉。
3 将面糊翻拌均匀后加入可可粉拌匀，接着再倒入泡打粉进行搅拌，加入巧克力豆拌匀，制成面团。
4 将面团揉成长条，放在砧板上，然后用刮板按压成长方块。
5 将制好的长方块面团入冰箱冷冻约 20 分钟。
6 面团变硬后，切成厚片状，排放在垫有烘焙纸的烤盘上，中间预留空隙，将烤盘放入预热好的烤箱中，上火 180℃，下火 160℃，烘烤约 18 分钟即可。

制作笔记 *Notes*

冷冻过后的面团方便我们切片，如果面团不冷冻，切起来不易成形且面团容易黏刀具。

咬一口香甜

奶油芝士球

人份

材料 Material

奶油芝士 /360 克
糖粉 /90 克
黄油 /45 克
淡奶油 /18 毫升
柠檬汁 /1 毫升
蛋黄 /90 克

工具 Tool

长柄刮板
电动打蛋器
裱花袋
玻璃碗
烤箱
模具

扫一扫二维码
看视频同步做美食

制作 Make

1 用长柄刮板把奶油芝士和黄油倒入玻璃碗中拌匀，加入糖粉，再用电动打蛋器搅拌。

2 分多次加入蛋黄，每加一次搅拌均匀，接着加入淡奶油、柠檬汁继续搅拌均匀（图 1）。

3 将搅拌好的材料装入裱花袋，把面糊挤入模具中（图 2）。

4 把模具放入烤盘中，一起放进预热好的烤箱中，上火 180℃，下火 110℃，烤制 25 分钟左右。烤好后取出奶油芝士球，摆放在盘中即可。

关键步骤 Committed step

1

2

制作笔记 *Notes*

可以使用植脂甜点奶油代替动物性淡奶油，其性质与动物性淡奶油类似。植脂甜点奶油本身含有糖分，打发的时候不需要再加糖了。

周末美食

缤纷鲜果泡芙

人份 2人

慵懒的午后，将高颜值的缤纷鲜果泡芙送入口中，轻轻一咬，浓郁的奶油与果肉迅速混合，带给人幸福的满足感！

扫一扫二维码
看视频同步做美食

材料 Material

牛奶 /80 毫升
水 / 100 毫升
盐 / 2.5 克
鸡蛋 /3 个
黄油 / 95 克
高筋面粉 / 50 克
低筋面粉 / 50 克
打发好的奶油 / 适量
水果块 / 适量

工具 Tool

裱花袋
电动打蛋器
裱花嘴
烤箱
面包刀
长柄刮板
奶锅

制作 Make

1 牛奶、清水、盐、黄油倒入奶锅中，加热煮至开（图 1）。
2 加入高筋面粉、低筋面粉，搅拌匀，关火，逐个加入鸡蛋，搅拌至顺滑（图 2）。
3 将拌好的面糊装入裱花袋，逐一挤入烤盘内（图 3），放入预热的烤箱内，上、下火 200℃，烤 20 分钟。
4 取出烤好的泡芙，从中间切开，挤入打发好的奶油，填上水果块即可。

关键步骤 Committed step

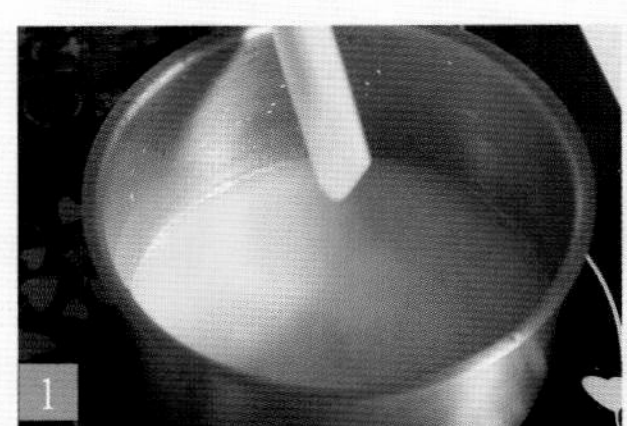
1

2

3

“奢侈的”泡芙

咖啡乳酪泡芙

人份

材料 *Material*

泡芙面团

低筋面粉 /100 克
水 /160 毫升
黄油 /80 克
细砂糖 /10 克
盐 /1 克
鸡蛋 /3 个左右

咖啡乳酪馅

奶油奶酪 /180 克
淡奶油 /135 毫升
糖粉 /45 克
咖啡粉 /10 克

工具 *Tool*

打蛋器
不锈钢盆
长柄刮板
玻璃碗
裱花袋
烘焙纸
烤箱

制作 *Make*

1 水、黄油一起放入不锈钢盆里，用中火加热并稍稍搅拌，使油脂分布均匀。

2 当煮至沸腾的时候，转小火，加入盐、细砂糖，再一次性倒入低筋面粉。

3 用打蛋器快速搅拌，使面粉和水完全混合在一起后关火。

4 把面糊倒入玻璃碗中搅散，使面糊散热，等面糊冷却到不太烫手的时候，分多次加入鸡蛋，搅拌至面糊完全把鸡蛋吸收以后，再加下一次（图 1）。

5 用长柄刮板把面糊装入裱花袋中，挤在垫有烘焙纸的烤盘上（图 2），每个面团之间保持距离，以免面团膨胀后碰到一起。

6 把烤盘送入预热好的烤箱，上火 180℃，下火 160℃烘烤约 20 分钟，直到表面变成黄褐色，取出。

7 将奶油奶酪室温软化后，放入玻璃碗中，使用打蛋器搅碎，再加入糖粉，搅打至细滑状。

8 继续加入淡奶油和咖啡粉，并继续用打蛋器搅打，使馅料混合均匀，做成咖啡乳酪馅。

9 取出烤好的泡芙，冷却后将咖啡乳酪馅装入裱花袋里，填入泡芙即可。

关键步骤 *Committed step*

1

2

扫一扫二维码
看视频同步做美食

制作笔记 *Notes*

这款咖啡乳酪馅，淡奶油的用量可以根据自己的喜好调整。喜欢轻盈口感的，可以加大淡奶油的用量；喜欢浓厚口感的，则可以减少淡奶油的用量。

黄金体验中的松软
丹麦黄桃派

人份 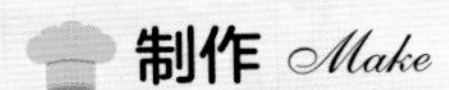

口感松软，散发着奶油的香气和芳香的黄桃果香，一口下去，仿佛整个世界都被填满一般的满足感充盈心间。

材料 Material

酥皮

高筋面粉 /170 克
低筋面粉 /30 克
细砂糖 /50 克
黄油 /20 克
奶粉 /12 克
盐 /3 克
干酵母 /5 克
水 88/ 毫升
鸡蛋 /40 克
片状酥油 /70 克

馅料

奶油杏仁馅 /40 克
黄桃肉 /50 克
巧克力果胶 / 适量
花生碎 / 适量

工具 Tool

刮板
擀面杖
刷子
叉子
烤箱
玻璃碗

制作 Make

1 将低筋面粉倒入高筋面粉的碗中拌匀，倒入奶粉、干酵母、盐拌匀，倒在案台上，开窝。

2 倒入水、细砂糖拌匀，放入鸡蛋拌匀后加入黄油，揉搓成光滑的面团。

3 用擀面杖将片状酥油擀薄，面团擀成薄片，放上酥油片，将面皮折叠、擀平，从 1/3 处折叠，再将剩下的折叠起来，放入冰箱冷藏 10 分钟；取出酥皮，继续擀平，将上述动作重复操作 2 次。

4 取适量酥皮擀薄，将边缘切平整，放入奶油杏仁馅，放入黄桃肉，对折，边缘扎上小孔，再刷上一层巧克力果胶，放入烤盘，撒上花生碎，常温发酵 1.5 小时，发酵完成后放入预热好的烤箱中，上、下火 190℃，烘烤 15 分钟至熟即可。

温馨下午茶

炼奶蔓越莓蛋挞

人份 👤👤👤👤👤👤

和家人一起享用下午茶，怎么可以少了炼奶蔓越莓蛋挞。蛋挞的层层酥皮，香甜的黄色凝固蛋浆，搭配酸酸甜甜的蔓越莓干，一口一个温馨，一口一个美满。

材料 *Material*

蛋挞皮 /12 个
鸡蛋黄 /3 个
炼乳 /15 毫升
牛奶 /200 毫升
白糖 /25 克
蔓越莓干 / 适量

工具 *Tool*

烤箱
奶锅
筛子
打蛋器
量杯
玻璃碗

制作 *Make*

1. 将牛奶倒入奶锅中，加入白糖，倒入炼乳，小火加热至40℃至糖溶化。
2. 鸡蛋黄加入碗中打散后，加入牛奶液体拌匀，过筛倒入量杯中，做成挞液。
3. 将挞皮摆入烤盘中，倒入挞液。
4. 然后放入预热好的烤箱中，以上火 200℃、下火 230℃的温度，烤 10 分钟。
5. 待蛋挞夜稍微凝固时撒上蔓越莓干，继续烤 5 分钟左右，即可出炉。

扫一扫二维码
看视频同步做美食

吃出来的松脆

高钙奶盐苏打饼

人份 2

材料 Material

酵母 / 5 克
温水 /90 毫升
盐 /3 克
低筋面粉 /150 克
黄油 /50 克
鸡蛋 /40 克
苏打粉 /1 克

工具 Tool

刮板
擀面杖
叉子
烤箱
刀

制作 Make

1 低筋面粉倒在台板上，加入盐、苏打粉、酵母，混合匀。
2 在粉内开窝，加入水、鸡蛋，混合匀揉至成面团（图1）。
3 放入黄油，充分混合匀。
4 用擀面杖将面皮擀薄，修去四边，用叉子在面皮上打上小洞。
5 切成长方形面皮，放入烤盘（图2）。
6 放入预热的烤箱，上火 200 ℃，下火 190℃，烤 15 分钟即可。

关键步骤 Committed step

1

2

扫一扫二维码
看视频同步做美食

制作笔记 *Notes*

做成的面团要是偏湿，最好放入冰箱冷藏片刻达到理想状态。

送给亲密的爱人

草莓慕斯

人份 ♟♟♟♟♟♟

这是来源于西方的一种甜品，鲜艳的红色，是表达爱意最好的选择哦！

扫一扫二维码
看视频同步做美食

材料 Material

慕斯底

牛奶 30 毫升，白砂糖 20 克，淡奶油 280 毫升，草莓果泥 100 克，吉利丁片 10 克

慕斯淋面 A

草莓果泥 100 克，白砂糖 150 克，饴糖 175 克

慕斯淋面 B

草莓果泥 75 克，白巧克力 150 克，吉利丁片 20 克

其他

鲜草莓 30 克，蛋糕坯、椰蓉、红加仑各适量

工具 Tool

长柄刮板，电动搅拌器，裱花袋，蛋糕底托，奶油抹刀，烘焙纸，模具，网架，电磁炉，冰箱

制作 Make

1 制作慕斯淋面 A ：把饴糖用电磁炉隔水加热软化，倒入白砂糖，用长柄刮板搅拌均匀后，加入草莓果泥继续搅拌（图 1）。

2 制作慕斯淋面 B ：把白巧克力、草莓果泥和软化的吉利丁片用电磁炉隔水加热并搅拌均匀。

3 把淋面 A 和淋面 B 全部搅拌均匀。

4 制作慕斯底：把牛奶、白砂糖、草莓果泥和软化的吉利丁隔水加热搅拌均匀。

5 把淡奶油用电动搅拌器打至六成发，把搅拌好的牛奶草莓果泥酱倒入打发好的奶油霜中翻拌均匀，制成慕斯底。

6 在模具中放入蛋糕坯，再在上面放入切好的鲜草莓丁待用。

7 用裱花袋把慕斯底挤进装有蛋糕坯的模具里约五分满，放入冰箱冷藏 3 小时以上。

8 在网架下铺上烘焙纸，然后将冷冻好的慕斯放在网架上，并淋上慕斯淋面（图 2），用奶油抹刀在慕斯底部裹上椰蓉，放在蛋糕底托上，用红加仑等装饰即可。

关键步骤 Committed step

1 2